# 周期表

| 族／周期 | 10 | 11 | 12 | 13 | 14 | 15 | 16 | 17 | 18 |
|---|---|---|---|---|---|---|---|---|---|
| **1** | | | | | | | | | 4.003 $_2$He ヘリウム $1s^2$ 24.59 |
| **2** | | | | 10.81 $_5$B ホウ素 $[He]2s^2p^1$ 8.30 / 2.04 | 12.01 $_6$C 炭素 $[He]2s^2p^2$ 11.26 / 2.55 | 14.01 $_7$N 窒素 $[He]2s^2p^3$ 14.53 / 3.04 | 16.00 $_8$O 酸素 $[He]2s^2p^4$ 13.62 / 3.44 | 19.00 $_9$F フッ素 $[He]2s^2p^5$ 17.42 / 3.98 | 20.18 $_{10}$Ne ネオン $[He]2s^2p^6$ 21.56 |
| **3** | | | | 26.98 $_{13}$Al アルミニウム $[Ne]3s^2p^1$ 5.99 / 1.61 | 28.09 $_{14}$Si ケイ素 $[Ne]3s^2p^2$ 8.15 / 1.90 | 30.97 $_{15}$P リン $[Ne]3s^2p^3$ 10.49 / 2.19 | 32.07 $_{16}$S 硫黄 $[Ne]3s^2p^4$ 10.36 / 2.58 | 35.45 $_{17}$Cl 塩素 $[Ne]3s^2p^5$ 12.97 / 3.16 | 39.95 $_{18}$Ar アルゴン $[Ne]3s^2p^6$ 15.76 |
| **4** | 58.69 $_{28}$Ni ニッケル $[Ar]3d^84s^2$ 7.64 / 1.91 | 63.55 $_{29}$Cu 銅 $[Ar]3d^{10}4s^1$ 7.73 / 1.90 | 65.38 $_{30}$Zn 亜鉛 $[Ar]3d^{10}4s^2$ 9.39 / 1.65 | 69.72 $_{31}$Ga ガリウム $[Ar]3d^{10}4s^2p^1$ 6.00 / 1.81 | 72.63 $_{32}$Ge ゲルマニウム $[Ar]3d^{10}4s^2p^2$ 7.90 / 2.01 | 74.92 $_{33}$As ヒ素 $[Ar]3d^{10}4s^2p^3$ 9.81 / 2.18 | 78.96 $_{34}$Se セレン $[Ar]3d^{10}4s^2p^4$ 9.75 / 2.55 | 79.90 $_{35}$Br 臭素 $[Ar]3d^{10}4s^2p^5$ 11.81 / 2.96 | 83.80 $_{36}$Kr クリプトン $[Ar]3d^{10}4s^2p^6$ 14.00 / 3.0 |
| **5** | 106.4 $_{46}$Pd パラジウム $[Kr]4d^{10}$ 8.34 / 2.20 | 107.9 $_{47}$Ag 銀 $[Kr]4d^{10}5s^1$ 7.58 / 1.93 | 112.4 $_{48}$Cd カドミウム $[Kr]4d^{10}5s^2$ 8.99 / 1.69 | 114.8 $_{49}$In インジウム $[Kr]4d^{10}5s^2p^1$ 5.79 / 1.78 | 118.7 $_{50}$Sn スズ $[Kr]4d^{10}5s^2p^2$ 7.34 / 1.96 | 121.8 $_{51}$Sb アンチモン $[Kr]4d^{10}5s^2p^3$ 8.64 / 2.05 | 127.6 $_{52}$Te テルル $[Kr]4d^{10}5s^2p^4$ 9.01 / 2.1 | 126.9 $_{53}$I ヨウ素 $[Kr]4d^{10}5s^2p^5$ 10.45 / 2.66 | 131.3 $_{54}$Xe キセノン $[Kr]4d^{10}5s^2p^6$ 12.13 / 2.7 |
| **6** | 195.1 $_{78}$Pt 白金 $[Xe]4f^{14}5d^96s^1$ 8.61 / 2.28 | 197.0 $_{79}$Au 金 $[Xe]4f^{14}5d^{10}6s^1$ 9.23 / 2.54 | 200.6 $_{80}$Hg 水銀 $[Xe]4f^{14}5d^{10}6s^2$ 10.44 / 2.00 | 204.4 $_{81}$Tl タリウム $[Xe]4f^{14}5d^{10}6s^2p^1$ 6.11 / 2.04 | 207.2 $_{82}$Pb 鉛 $[Xe]4f^{14}5d^{10}6s^2p^2$ 7.42 / 2.33 | 209.0 $_{83}$Bi ビスマス $[Xe]4f^{14}5d^{10}6s^2p^3$ 7.29 / 2.02 | (210) $_{84}$Po ポロニウム $[Xe]4f^{14}5d^{10}6s^2p^4$ 8.42 / 2.0 | (210) $_{85}$At アスタチン $[Xe]4f^{14}5d^{10}6s^2p^5$ 9.5 / 2.2 | (222) $_{86}$Rn ラドン $[Xe]4f^{14}5d^{10}6s^2p^6$ 10.75 |
| **7** | (281) $_{110}$Ds ダームスタチウム $[Rn]5f^{14}6d^97s^1$ | (280) $_{111}$Rg レントゲニウム $[Rn]5f^{14}6d^{10}7s^1$ | (285) $_{112}$Cn コペルニシウム $[Rn]5f^{14}6d^{10}7s^2$ | (278) $_{113}$Nh ニホニウム $[Rn]5f^{14}6d^{10}7s^2p^1$ | (289) $_{114}$Fl フレロビウム $[Rn]5f^{14}6d^{10}7s^2p^2$ | (289) $_{115}$Mc モスコビウム $[Rn]5f^{14}6d^{10}7s^2p^3$ | (293) $_{116}$Lv リバモリウム $[Rn]5f^{14}6d^{10}7s^2p^4$ | (293) $_{117}$Ts テネシン $[Rn]5f^{14}6d^{10}7s^2p^5$ | (294) $_{118}$Og オガネソン $[Rn]5f^{14}6d^{10}7s^2p^6$ |

| ランタノイド | | | | | | | | | |
|---|---|---|---|---|---|---|---|---|---|
| 152.0 $_{63}$Eu ユウロピウム $[Xe]4f^76s^2$ 5.67 / 1.2 | 157.3 $_{64}$Gd ガドリニウム $[Xe]4f^75d^16s^2$ 6.15 / 1.20 | 158.9 $_{65}$Tb テルビウム $[Xe]4f^96s^2$ 5.86 / 1.2 | 162.5 $_{66}$Dy ジスプロシウム $[Xe]4f^{10}6s^2$ 5.94 / 1.22 | 164.9 $_{67}$Ho ホルミウム $[Xe]4f^{11}6s^2$ 6.02 / 1.23 | 167.3 $_{68}$Er エルビウム $[Xe]4f^{12}6s^2$ 6.11 / 1.24 | 168.9 $_{69}$Tm ツリウム $[Xe]4f^{13}6s^2$ 6.18 / 1.25 | 173.1 $_{70}$Yb イッテルビウム $[Xe]4f^{14}6s^2$ 6.25 / 1.1 | 175.0 $_{71}$Lu ルテチウム $[Xe]4f^{14}5d^16s^2$ 5.43 / 1.27 |

| アクチノイド | | | | | | | | | |
|---|---|---|---|---|---|---|---|---|---|
| (243) $_{95}$Am アメリシウム $[Rn]5f^77s^2$ 6.0 / 1.3 | (247) $_{96}$Cm キュリウム $[Rn]5f^76d^17s^2$ 6.09 / 1.3 | (247) $_{97}$Bk バークリウム $[Rn]5f^97s^2$ 6.30 / 1.3 | (252) $_{98}$Cf カリホルニウム $[Rn]5f^{10}7s^2$ 6.30 / 1.3 | (252) $_{99}$Es アインスタイニウム $[Rn]5f^{11}7s^2$ 6.52 / 1.3 | (257) $_{100}$Fm フェルミウム $[Rn]5f^{12}7s^2$ 6.64 / 1.3 | (258) $_{101}$Md メンデレビウム $[Rn]5f^{13}7s^2$ 6.74 / 1.3 | (259) $_{102}$No ノーベリウム $[Rn]5f^{14}7s^2$ 6.84 / 1.3 | (262) $_{103}$Lr ローレンシウム $[Rn]5f^{14}6d^17s^2$ |

# 薬学のための
# 基礎化学

石川さと子・望月正隆 著
Satoko Ishikawa & Masataka Mochizuki

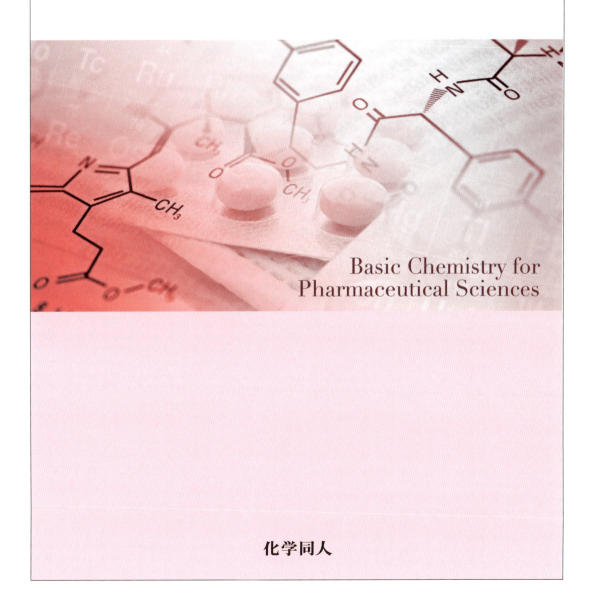

Basic Chemistry for
Pharmaceutical Sciences

化学同人

# ま え が き

　人のからだはたくさんの化学物質で成り立っています．そして，化学物質はさまざまな形に姿を変えながら生命を維持しています．生体内で起こる化学反応に異常が発生したり，反応が起こらなかったりすると，物質の構造，性質や量が変わって病気のきっかけになることがあります．

　薬学という学問の中心は「医薬品（くすり）」と「生命」です．「くすりが病気に効く」とは，からだの中の化学物質，化学反応に対してくすりが何らかの作用をもたらしているということです．同じことは，からだにとって有毒な物質についてもいえるでしょう．食事から摂取する栄養素も化学物質であり，からだの中の正常な反応に使われています．どのように作用して，どのような影響を及ぼすかは，化学物質の構造や性質から推測でき，そのような情報から新しいくすりを創り出すこともあります．

　化学は「物質が化ける」プロセスを考える学問であり，薬学はくすりという化学物質の性質と反応や，くすりが効く仕組みを理解し，正しく使うことを考える学問です．つまり，「薬学」という分野を「化学」と切り離すことはできません．

　この本は，薬学の基盤でもある化学を学ぶために必要な内容をまとめたものです．まず第1章では，薬学部の学習内容と化学の関連性を，例をあげながら考えます．そして第2章では，化学物質を取り扱う基本である単位と濃度の理解を目指します．薬学部には多くの実験実習があります．化学に限らず，どの実習においても，物質の秤量や溶液の取扱いがありますから，この章に記載された内容は，薬学生全員が正しく理解する必要があります．続く第3章からは化学物質の構造と性質を理解する基本です．高校で学んだ内容も含まれますが，できる限り物理化学，有機化学，くすり・医療とつながるように構成しています．本文以外にも関連事項を topic として掲げています．第5章までで物質の構造，分子の形の理解を深めたら，第6章ではそれらが物質の性質にどのように反映されるか，生体内高分子も含めて考えましょう．そして第7章以降は，生命科学，創薬科学の理解にも欠かせない化学反応を学びます．このあたりになると，専門科目との関連がたくさん出てきます．最後の第10章は有機化合物の構造と体系的な命名の概要です．構造と名称の相互関係を理解し，特徴的な性質とつなげることは，薬学を学ぶ者として重要です．有機化学に関しては大切なトピックがたくさんありますが，薬学部のカリキュラムには別に有機化学を学ぶ時間がありますから，この本では基本的な反応と命名法のみに絞りました．

　各章の最初には，その章で学ぶ内容，キーワードとともに，関連する薬学教育モデル・コアカリキュラムの到達目標（SBOs）＊を記載しました．これは，後に皆さんが学ぶ内容へのつながりを意識してほしいからです．また各章の最後には確認問題をつけました．関連知識の確認はもちろんですが，自分で調べたり，他の人と話し合ったりする問題もあり

---

＊ SBOs；specific behavioral objectives
薬学教育モデル・コアカリキュラムについては，文部科学省のホームページ（http://www.mext.go.jp/a_menu/01_d/08091815.htm）で確認することができます．

ます．このプロセスを経て，自分が学んだ知識を活用できるようになることを期待しています．

　化学は暗記科目ではありません．基本となる用語や事実はたくさん触れるうちに自然に身についていきます．膨大な化学物質や化学反応を脈絡なく覚える必要はありません．すべてに関連があり，理論は事実に基づいて成り立っています．事実と矛盾する場合は，どこか違うはずです．「なぜそうなるのか」を常に念頭におき，生命，医療，健康，環境など，さまざまな内容をつなげることができるように，共通基盤となる化学を学んでください．化学式，構造式は万国共通です．薬剤師，薬学出身者はその内容を「知っている」だけでなく「活用できる」人として活躍することが期待されています．そのためにこの本が少しでも役立てば幸いです．

　最後に，この本を出版するきっかけをくださり，根気強く原稿作成をサポートして出版を実現してくださった化学同人 大林史彦氏に心から感謝いたします．

　　2018 年 1 月

　　　　　　　　　　　　　　　　　　　　　　　　　　　　　　　著　者


　2024 年 4 月の入学者から，薬学教育モデル・コア・カリキュラム（令和 4 年度改訂版）が適用されることになりました．このコア・カリには，各項目の＜ねらい＞や＜学修目標＞が記載されています．本書の内容が薬学の基盤であることに変わりはありませんが，改訂されたコア・カリに合わせて，出版当初は「SBO を Check」としていたものを「コア・カリを Check」として学修のつながりがわかるようにしました．

　　2024 年 3 月

　　　　　　　　　　　　　　　　　　　　　　　　　　　　　　　著　者

# 目　次

# 1章 薬学における化学とは

☞コア・カリを Check
薬学部で学ぶ科目のすべて

## この章で学ぶこと

- ◆ 薬学は，化学を基盤にする生命科学である．
- ◆ 化学は，物質の構造，性質，反応を取り扱う学問である．
- ◆ 健康な状態を保つ仕組み，病気になる仕組みを理解するために，化学の知識を活用できる．
- ◆ 薬学を学ぶと，さまざまな現象を化学の視点で考えられるようになる．
- ◆ 化学の知識を，生物，物理など他の分野とつなげて考えることが重要である．

### ● キーワード ●
生命科学，健康，生活，化学物質，くすり(医薬品)

　薬学 (pharmaceutical sciences) は，人間の健康の維持・増進，病気の予防，医薬品の創製や適正な使用を目標とする学問である．本書で化学の基礎を学ぶ前に，さまざまな分野と化学のつながりを考えてみよう．

## 1.1　生命と化学

　われわれのからだは 37 兆個もの細胞が骨，筋肉，皮膚などの多様な臓器を形作り，生命活動が営まれている．生命活動に必要な多くの化学物質のうち，最も量が多いのは水 $H_2O$ であり，細胞内外でナトリウムイオン $Na^+$，カリウムイオン $K^+$，リン酸イオン $H_2PO_4^-$／$HPO_4^{2-}$，炭酸水素イオン $HCO_3^-$ などの無機イオンや有機化合物を溶かし込んでいる．つまり，水分子はイオンの周りを取り囲み，「溶けた状態」にしている．また，血液にはさまざまな化学物質が溶けているが，正常な血液の pH 7.4 の値が厳密にコントロールされている．これは血液という水溶液中で，主に炭酸水素イオンが酸塩基平衡反応を起こして緩衝作用を示すためである(8.4 節参照)．

　からだの中で水に次いで多いのはタンパク質である．タンパク質の種類はきわめて多く，筋肉を構成するタンパク質，細胞と細胞をつなげる接着剤になる

タンパク質，化学反応を触媒する酵素，細胞膜に埋め込まれて物質の輸送にかかわる膜タンパク質など，さまざまな種類のタンパク質がそれぞれの役割を果たしている．アミノ酸の種類や繋がる順序，空間的な配置が異なるタンパク質は，必要なときに遺伝子という設計図に従って作られる．遺伝子の情報は，細胞核内に存在する化学物質であるデオキシリボ核酸（DNA）に正確に刻まれている．

　化学物質が何らかの作用を示すには，他の分子とかかわることが必要である．これを**分子間相互作用**（molecular interaction）という（第6章参照）．たとえば，水分子がイオンを取り囲むときには，「水素結合」という分子間相互作用が生じている．炭酸水素イオンの酸塩基平衡反応も，イオンと水分子の相互作用といえる．タンパク質分子も同様に別のタンパク質と相互作用し，複数のタンパク質分子の集合体として別の分子に作用することもある．タンパク質の相互作用の相手はDNAの場合もあり，DNAの情報をRNAに写すときに働くRNA合成酵素がその例である．RNA合成酵素は，複数のタンパク質分子の複合体であり，DNAを囲んで反応の場を作り出している様子が報告されている（図1.1）．

　ある物質がどのような分子間相互作用を起こすかには，その分子に含まれる

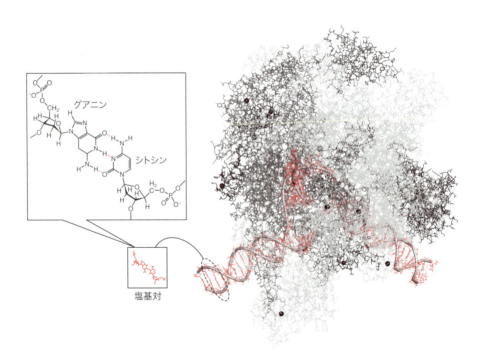

**図 1.1**　DNA分子とタンパク質の複合体が相互作用している様子
この様子は電子顕微鏡を使った実験で明らかにされた．実線は共有結合を示し，グレーはタンパク質分子（18分子ある），赤の二重らせんはDNAである．黒い球は金属イオンで，それ以外の原子は省略されている．中央付近の二重らせんがほどけている部分でRNAが合成されている（縦に見える1本の赤い線がRNAである）．点線で囲んだDNAの塩基対を拡大して構造式で表すと，水素結合（赤い点線）との位置関係がわかる（PDBid：4XON）．

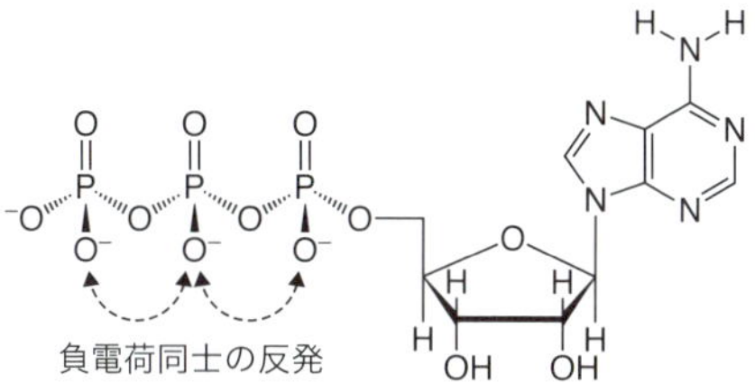

**図 1.2　ATP の構造式**
アデニンにリボースが結合した構造をアデノシンという.
ATP はアデノシンにさらに 3 分子のリン酸が結合している.

原子の性質，結合の性質，分子の部分的な荷電状況などが関係する．たとえば，タンパク質のアミノ酸配列に塩基性アミノ酸が含まれていると，生体内の条件では側鎖が正に荷電する．そのアミノ酸がタンパク質の表面にあると，タンパク質分子が正の荷電をもつことになり，負電荷をもつ他の分子と相互作用する．また，タンパク質分子に疎水性の空間があれば，その空間のサイズに合った脂溶性(疎水性)の分子が相互作用する．このような性質は，分子がどのような基をもつかという化学構造と，その基がどの位置に存在しているかという立体構造で決まる．タンパク質分子の構造が変化すると，他の分子と相互作用できなくなり，そのタンパク質としての機能を発揮できなくなることがある．

　化学物質どうしが相互作用するためにはエネルギーが必要である．細胞内で利用できるエネルギーは，糖質，脂質，タンパク質を原料として作られる**アデノシン三リン酸** (adenosine 5′-triphosphate：**ATP**) という化学物質である．ATP は，図 1.2 に示したようにリン酸が三つ縮合した構造をもっていて，隣接した陰イオンの負電荷どうしが反発して不安定な状態にある．この状態からリン酸が外れると反発が少なくなり，分子が安定になる分のエネルギーが放出されて，細胞内の化学反応に使われる．

　細胞が活動するには，ATP からのエネルギーを使って必要な物質を作らなければならない．このために栄養が必要であり，われわれは糖質，脂質，タンパク質の他に，ビタミン，ミネラルなどを摂取する．ビタミンは水溶性ビタミンと脂溶性ビタミンに分類されるが，分子の構造を見ると，その理由がわかる (図 1.3).

　生体内で作り出すことができない化学物質を必須栄養素と呼ぶが，過剰に摂

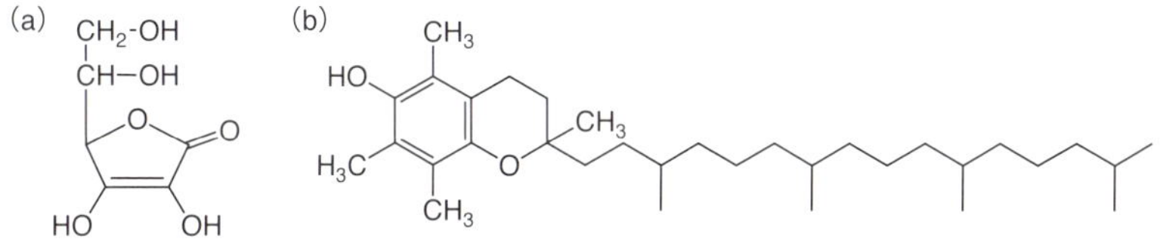

**図 1.3　ビタミン分子の構造と水溶性**
(a) ビタミン C．OH 基が多いので水に溶けやすい，(b) ビタミン E．OH 基は一つで，炭化水素の鎖が長いので水に溶けにくい．

取するとからだに蓄積して害になるものもある．蓄積しやすいのは細胞膜と相互作用しやすい脂溶性分子である．

**有機化合物**（organic compounds）の「有機」とは，文字通り「機能を有する」ということを意味する．organic の語源は organ（臓器，器官）であることからも，有機化合物と生命のつながりが強いことがわかる．つまり，生命に直結する学問である薬学を学ぶには，**有機化学**（organic chemistry）の理解が必須である．薬学を学ぶ学生として，それぞれの有機化合物の構造や性質に加えて，化学物質どうしの相互作用，エネルギーと化学反応の関係などを理解するためには，分子に含まれる原子の性質や，分子がおかれている環境などを知ることが重要である．

## 1.2　くすりと化学

食事などでからだに取り込まれた化学物質は，消化管から吸収され，必要な場所に運ばれたり，からだが利用できる適切な形に変換されたりする．この変換は化学反応そのものである．そして，不要になった物質や余剰分は水に溶けやすい形に変えられて体外へ排出される．このような生体内での物質の流れには，タンパク質をはじめとした多くの化学物質が複雑にかかわりあっている．

これまでに述べたように，化学物質と他の分子との相互作用は，生きていくためには欠かせない．もし，何らかの原因で分子の構造が変わり分子間相互作用に異常が起こると，結果としてからだの恒常性が損なわれる．外界から侵入した微生物が有害な物質を体内で作ることもある．通常は，からだの防御機構が働くが，それができないと病気になる．つまり，病気の原因は，からだの中の化学物質の変化であるともいえる．

病気を治すために使うくすりもまた，化学物質である．多くは有機化合物であるが，図 1.4 のシスプラチンのような無機化合物もある．アセトアミノフェンは，発熱の原因になる酵素の働きを阻害して熱を下げる作用を示し，オセルタミビルはインフルエンザウイルスがもつ酵素の働きを阻害する作用がある．

---

### ● 生活の中の化学 ●

家庭には食品やくすり以外にも，ポット用洗浄剤，洗濯用洗剤，漂白剤など多くの化学物質があります．それぞれの成分は容器に書かれていますし，多くの場合は酸化還元反応，酸塩基反応を利用しているので，どのような化学反応が起こって目的を果たすのかを考えてみるのもよいでしょう．

また，食品の衛生管理に気を付けなければならない

のは，細菌が作り出す毒素タンパク質が食中毒の原因になるからです．それ以外にも，植物が中毒の原因になる化学物質を含むことがあります．輸入されたいわゆる健康食品に有害物質が混入されていて健康被害が生じたという事例もあります．この他にも，大気汚染や水質汚染などの環境汚染，スギ花粉に対するアレルギーなど，これらもすべて化学物質が原因です．

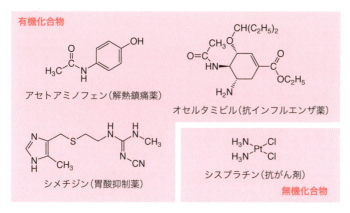

図1.4 代表的なくすりの構造と作用

シメチジンは胃酸を分泌する受容体タンパク質に結合して，出過ぎた胃酸を抑制する．シスプラチンはがん細胞のDNA二重らせんに結合して，がん細胞が生存できないようにする．

古くから使われている煎じ薬でも，からだの中で効果を示すのは，その中に含まれる特定の物質である．現在，医療現場で使われているくすりの中にも，植物や微生物など天然に存在する資源から見つかったものがたくさんある（図1.5）．たとえば，モルヒネはケシ科植物から取り出された化学物質で，痛みに関係するタンパク質に結合して鎮痛作用を示す．がん患者の痛みをコントロールするために有効であり，適切に使われている限りたいへん重要なくすりである一方，依存性があるので麻薬として厳しく管理されている．この他に，細菌に感染したときに使う**抗生物質**（antibiotics）と呼ばれるくすりは，もともとは微生物が他の微生物の生育を阻害するために作り出す化学物質（あるいはその構造を変えて作られたもの）である．

くすりを，からだの中に入る化学物質として捉えると，「くすりは毒である」というのは妥当な表現である．くすりも毒も，本来はからだの中に存在していない物質であり，からだの中のタンパク質や核酸と相互作用して，何らかの影響を及ぼすという点で共通している．異なるのは，「くすり」が病気の症状を和らげたり，治療したりといった，からだに有益な働きをするのに対して，「毒」はからだに有害な作用を引き起こすことである．同じ化学物質でも，からだに

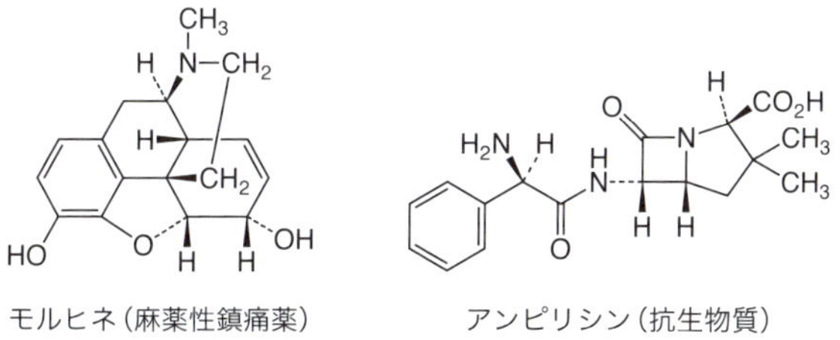

モルヒネ（麻薬性鎮痛薬）　　　アンピリシン（抗生物質）

図1.5 天然物から見つかったくすり

取り込まれる量によって，くすりにも毒にもなるため，その違いと，違いが生じる仕組みを理解するようにしよう．

## 1.3 医療と化学

医療と化学にはたくさんの接点がある．医療現場では錠剤や注射剤などのいわゆる「くすり」だけでなく，消毒薬，人工透析用の電解質液，輸液，人工呼吸用の酸素ガス，麻酔用の笑気ガス（一酸化二窒素）などが使われている．治療に用いられる医療材料も化学物質であり，からだに影響を及ぼさない工夫がされている．特に手術用の糸，人工血管，人工関節など，長期間体内に留めて使用するものは，からだの中の成分と相互作用せず，からだが拒否反応を示さないことが確認された材料で作られている．

消毒薬には，エタノールや次亜塩素酸ナトリウムなど，目的によってさまざまな化学物質が使用される．物質の種類だけでなく，使用濃度や対象，使用方法を誤ると，効果が得られないだけでなく，医療過誤につながる恐れもあり注意が必要である[*1]．また，人工透析用の電解質液や注射剤は，からだに直接入る液体である．特に血管に直接入れる液体の場合は，血液成分の働きに悪影響がないようにしなければならない．このために多くの成分の濃度や浸透圧の調整が必要であり，濃度に関する確実な知識をもつとともに，その根拠となる原理を理解していることが大切である．

*1 消毒用エタノールは約80％エタノール水溶液である．次亜塩素酸ナトリウムは皮膚の消毒には0.01％程度，医療器具の消毒には0.05％程度の濃度で使用する．

### topic ● 化学物質と発がん ●

日本人の死因の1位であるがんは，医療の進歩によって早期発見，早期治療が可能になってきました．また，どのような遺伝子の情報が変わってがんになるのかなど，分子レベルでの解析が進んでいます．たとえば，正常時は細胞の秩序正しい増殖を制御しているタンパク質の機能が損なわれると，細胞は無秩序に増殖するようになります．がん化した細胞では，細胞増殖にかかわるタンパク質に異常が起こっていることが多く，関連したタンパク質の設計図の変化を調べる研究も行われています．

がんの原因には生活習慣に関連するものが60％以上を占めるという報告がありますが，それ以外に有害な化学物質が原因になることがあります．代表的な発がん物質として，タバコの煙に含まれるベンゾ[a]ピレンがあります．とても単純な構造をしていますが，

からだの中の酵素によって酸化されるとDNAに結合する形に変わり，発がんの原因になることが知られています．

ベンゾ[a]ピレンの構造

タバコの場合は，「吸わない」「煙を避ける」という行動で発がん物質を直接避けることができます．からだの中で発がん物質ができてしまうことは避けられませんが，人のからだには防御機構が備わっています．この防御機構を有効に活かすためにも，バランスのよい食生活や適度な運動など，ストレスを溜めない健康的な生活を心がけることがよいと考えられています．

## 1.4 薬学における化学

　「化学」という学問で扱うのは，**物質の構造**，**性質**，**反応**であり，この三つはすべてつながっている．また，同じ「反応」という言葉でも，その物質を作り出す反応と，その物質が他の物質と相互作用する反応の二つの意味がある．薬学領域において，くすりという化学物質を考えるときは，その化学物質をどうやって作り，最終的にどのような形のくすりとして患者に届けるかということを考える場合と，そのくすりがからだの中に入ってどのように生体内の分子に働き，くすりとしての役割を果たすかということを考える場合がある．薬学がくすりと生命を取り扱う分野である限り，物質を三方向(構造，性質，反応)から見る化学の視点が不可欠である．そのために原子や分子の構造，結合の成り立ち，水溶液の性質や，有機化学などを詳細に学ぶのである．

　薬学は「くすりの学問」であると同時に，生命を対象とした**生命科学**(life science)でもある．生命現象は化学反応の繰り返しによって維持され，くすりの効果は化学物質どうしの相互作用から生まれる．図1.6には薬学領域で学ぶ内容の例を示した．有機化学，天然物化学などはもちろん，物理学や生物学にも，化学物質の構造や性質などが大きくかかわることは，本章で述べたことからわかるだろう．ここに書かれていない分野も含め，どの分野でも化学の視点で眺めていくと，それぞれがどのようにつながっているかを見つけることができるはずである．

　薬学領域において化学を学ぶ目的は，構造，性質および反応を理解するという目的の他に，くすり，生命，健康，病気，生活を化学の目で見る，すなわち構造と効果をつなぎ合わせる考え方を身につけることにある．そこに，医療現場を見据え，くすりを必要とする患者を考える気持ちを加え，化学の素養を最大限に活用してほしい．

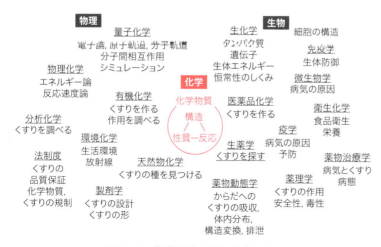

**図1.6**　薬学領域で学ぶ内容の例

## 確 認 問 題

1. 教科書や参考書の中に，どのような化学物質が登場するか，探しなさい．また，その化学物質の作用や目的を調べて説明しなさい．

2. 1で探した物質について，同じ目的で使われる化学物質を探しなさい．それらの構造，性質，反応に共通点があるかを調べなさい．

3. 植物，動物，微生物から発見され，くすりや毒として知られている化学物質を調べなさい．また，どのようなきっかけで発見されたのか調べなさい．

4. 風邪薬，花粉症の薬，胃薬，目薬など，薬局で市販されているくすりに含まれている成分の名称と構造を調べ，何のために使われているかを考えなさい．

5. 生活で経験する現象の中から，化学反応で説明できるものを探し，その仕組みを説明しなさい．

# 2章

# 化学の基本：単位と濃度

## 2.1 物質を「はかる」

化学の実験では，試薬を量る，物質の濃度を調べるなど，「はかる」操作が頻繁に行われる．「はかる」ことは，対象とする物質の本質を明らかにすることである．薬学分野では医薬品の純度の決定，タンパク質の分子量の決定，疾患に関係する遺伝子の発現量の決定，血液中の薬物濃度の測定，などがあげられるだろう．試料中にどのような種類の物質が含まれているか，どのくらい含まれているか，逆にある物質は本当に存在していないのかなど，目的に応じて手段を選択し，具体的に検証することを**分析**（analysis）と呼ぶ．

化学物質の分析には，質（quality）の分析と量（quantity）の分析がある．「質」とは，その物質に含まれている元素の種類や，化学構造などであり，これらを明らかにすることを**定性分析**（qualitative analysis）と呼ぶ．たとえば，ニンヒドリン試薬でアミノ酸構造の有無を調べたり，炎色反応の色から金属イオンの種類を判別したりするのは，いずれも定性分析である．また，核磁気共鳴（NMR）スペクトル法で有機化合物の構造を決定することも定性分析の一つである．一方，化学物質の「量」をはかることを**定量分析**（quantitative analysis）という．たとえば，元素分析によって有機化合物中の元素の含有比率を求めたり，血液中の薬物濃度を高速液体クロマトグラフィー－質量分析法（LC-MS）で決定したりするのは定量分析の例である．

定量分析を行うためには，事前に化学物質の「質」がわかっている必要がある．その上で，測定対象に合わせた適切な測定機器を選択する必要がある．たとえ

▶ 炎色反応

金属元素やハロゲン元素を含む試料を炎の中で燃焼させ，特有の色を確認して，その元素の存在を確認することができる．医薬品の構造を確認するために利用されている．

▶ NMR スペクトル法
（nuclear magnetic resonance spectroscopy）

分子内の水素原子や炭素原子の原子核の状態から，有機化合物の構造に関する情報を得る分析方法．超電導磁石を使って発生させる強力な磁場を利用しており，同じ原理が MRI と呼ばれる画像診断法に応用されている．

▶ LC-MS

クロマトグラフィーは，試料に含まれる成分を分離する方法で，中でも高速液体クロマトグラフィー（HPLC）は，化学物質の分析に汎用されている．分離された成分を検出する手段として質量分析計を接続したのが LC-MS であり，混合物の中から薬物やその代謝物を高感度に検出することができる．

▶電子天びん
実験室にはさまざまな種類の電子天びんがある．表示されている数字の桁数を見れば，その天びんがどのくらいの精密をもつかがわかる．よく使われているのは，小数点以下 4 桁が (0.0001 g) 量れる化学天びんである．

ば，ヒトの身長とペーパークロマトグラフィーの展開距離を同じ物差しで測ることはできないし，ヒトの体重とマウスの体重を同じはかりで量ることはできない．

定性分析，定量分析のいずれを行う際にも，それまでに得られている実験データを取りまとめて比較し，そこから何を，どのくらいの精度ではかる必要があるかを判断して，的確な情報を得るように心がけなければならない．

▶「ひとつまみ」ってどんな単位？
「塩ひとつまみ」とは，親指，人指し指，中指で軽くつまんだ量のことで，小さじ（5 mL の計量スプーン）約 1/3，重さにすると約 2 g である．料理に登場するさまざまな単位を見てみるのもよいだろう．

## 2.2　物理量と単位

計量は化学とその応用すべての基本であり，測定した結果は数値と**単位** (unit) の積で表現される．単位は，量を客観的に表現するために必要な基準であり，その基準の何倍に相当するかの数値と組み合わせて量を示すことができる．たとえば，あるビーカー 1 個に入る溶液の量を「ビーカー」という単位だと定義すれば，1 ビーカー，2 ビーカーという表現で量を客観的に表せる（図 2.1）．

たとえば，「ビーカー」という単位を使うのであれば，右の状態は "3 ビーカー"

**図 2.1**　単位の概念

**物理量**とは，長さ，面積，エネルギーなど，実際に測定することができる物理的な性質のことであり，測定によって得られた**数値と単位の積**で表される．ここで用いる単位は上記の例のように自由に決めることもできるが，それでは万人には通じない．物理量を客観的に示すためには，共通の単位を定義し，使う必要がある．

### 2.2.1　SI 単位系：世界共通の単位

日本で古くから用いられている単位として，畳の大きさを示す「畳<sup>じょう</sup>」があるが，1 畳の面積は地域によって異なる．このように同じ単位でも尺度が異なる場合がある．また，同じメートル法にも多くの単位系が存在した時代があり，科学の国際化と発展のために一貫性のある単位系を設定する必要性が生じた．この目的で採択されたのが**国際単位系**（Le Systéme International d'Unités, The International System of Units），略して **SI 単位系**である．これは 1960 年に体系的な計量単位として採択された世界共通の単位系であり，**基本単位**とそこから誘導される**組立単位**から定義される．

SI 単位系における基本単位には，長さ，質量，時間，電流，熱力学温度，物質量，光度の七つの物理量の単位が選ばれている（表 2.1）．この他の物理量は *l*（長さ）

**表2.1 七つのSI基本単位**

| 物理量 | 記号 | 基本単位 | 単位の記号 |
|---|---|---|---|
| 長さ | $l$ | メートル | m |
| 質量 | $m$ | キログラム | kg |
| 時間 | $t$ | 秒 | s |
| 電流 | $I$ | アンペア | A |
| 熱力学温度 | $T$ | ケルビン | K |
| 物質量 | $n$ | モル* | mol |
| 光度 | $I_v$ | カンデラ | cd |

*「モル」は単位の名称なので, 「モル数」とはいわない.

$\times l \times l = l^3$ で体積になるなど, 基本物理量の組合せによって求めることができる. 基本単位から定義される**組立単位** (誘導単位) のうち22個には独自の名称と記号が与えられている. 表2.2には薬学分野で常用される組立単位の例を示した.

　非常に大きな量や, 非常に小さい量をSI単位で表さなければならない場合, そのままでは不便であり, 誤りの原因にもなる. このため, SI単位系では表2.3のような**SI接頭語**が定義されている. たとえば, 赤血球細胞の直径は約0.000006 mであるが, $10^{-6}$ を示す μ (マイクロ) をSI基本単位 (m) の前につけると 6 μm と表現できる. 0をたくさん書く必要がないので便利であり, 間違いも減る.

▶ SI単位系の進展
科学技術の進歩に伴って測定精度も向上するため, 国際度量衡局は常にSI単位系の検討を進めている. 2019年5月には四つの物理定数が不確かさのない定義値に加わり, 七つの基本単位が全面的に再定義された.

▶PM2.5
大気中に浮遊している径が2.5 μm以下の微小粒子状物質を指す. スギの花粉 (約30 μm) よりも小さく, 呼吸器系, 循環器系への影響を引き起こすとされている. タバコの煙もPM2.5の発生源である.

**表2.2 薬学分野でよく使われるSI組立単位**

| 物理量 | 記号 | 定義 | 単位の名称 | 単位の記号 |
|---|---|---|---|---|
| 体積 | $V$ | $m^3$ | 立方メートル | $m^3$ |
| 密度 | $\rho$ | $kg\,m^{-3}$ | キログラム毎立方メートル | $kg\,m^{-3}$ |
| 速度 | $v$ | $m\,s^{-1}$ | メートル毎秒 | $m\,s^{-1}$ |
| 周波数 | $\nu$ | $s^{-1}$ | ヘルツ | Hz |
| 力 | $F$ | $m\,kg\,s^{-2} = J\,m^{-1}$ | ニュートン | N |
| 圧力 | $P$ | $m^{-1}\,kg\,s^{-2} = N\,m^{-2}$ | パスカル | Pa |
| エネルギー | $E$ | $m^2\,kg\,s^{-2} = N\,m = Pa\,m^3$ | ジュール | J |
| 仕事 | $W$ | $m^2\,kg\,s^{-2} = N\,m$ | ジュール | J |
| セルシウス温度 | $t$ | K | セルシウス度* | ℃ |
| 粘度 | $\eta$ | $m^{-1}\,kg\,s^{-1} = Pa\,s$ | パスカル秒 | Pa s |
| 放射性核種の放射能 | $A$ | $s^{-1}$ | ベクレル | Bq |
| 吸収線量 | $D$ | $m^2\,s^{-2} = J\,kg^{-1}$ | グレイ | Gy |
| 線量当量 | $H$ | $m^2\,s^{-2} = J\,kg^{-1}$ | シーベルト | Sv |

*「セルシウス度」のみが, 基本単位の乗除ではない.

▶放射線と放射能
放射線は放射性物質から放出されるエネルギーの高い粒子であり, 放射能とは放射線を出す能力のことである. 放射線のエネルギーが相手に吸収される量を吸収線量 (Gy) とよび, とくに人体が受けた影響を表す物理量を線量当量 (Sv) として区別している.

表2.3　よく使われる SI 接頭語と使用例

|  | 接頭語 | 記号 | 使用例 |
|---|---|---|---|
| $10^6$ | メガ | M | MHz（核磁気共鳴を起こす周波数，テレビ電波の周波数） |
| $10^3$ | キロ | k | kV（電圧） |
| $10^2$ | ヘクト | h | hPa（気圧） |
| $10^{-1}$ | デシ | d | dL（血液中の成分濃度） |
| $10^{-2}$ | センチ | c | cm |
| $10^{-3}$ | ミリ | m | mg, mm, mL, mA |
| $10^{-6}$ | マイクロ | μ | μg, μm（赤外線の波長，大気汚染の原因となる微粒子の直径），μL |
| $10^{-9}$ | ナノ | n | ng, nm（原子間距離，紫外線の波長），nL |
| $10^{-12}$ | ピコ | p | pg, pm（原子の半径） |

▶キロを表す k
kg, km などの $10^3$ を表す k は小文字であるが，これは SI 基本単位の K（ケルビン）との混同を避けるためでもある．またコンピュータの記憶容量の表現で KB（キロバイト）が使われることがある．これは慣用で 1024 B（バイト）を示すため，区別して大文字が使われることが多い．

### 2.2.2　SI に含まれない単位：昔からの単位

　計量結果を学術的に表す場合，可能な限り SI 単位系を利用することが推奨されている．しかし，日常で使われている単位を完全に否定してしまうと，不便かつ目的を果たせない場合が出てくる．このため必要に応じて，いくつかの**非 SI 単位**の使用が認められている．特に，時間を表す分 (min)，時間 (h)，日 (d)，平面角を表す度 (°)，体積を表すリットル (L) などは SI と併用可能な単位である（図 2.2）．この他にも，圧力を示す水銀柱ミリメートル (mmHg) は血圧を測る際の単位として用いられるなど，医療現場では非 SI 単位が利用されることが多い．

▶血圧の単位
従来，医療現場で用いられてきた水銀血圧計が，2021 年 1 月以降，製造や販売等が禁止されたことから徐々に電子式血圧計に切り替わっている．その場合でも血圧の単位は mmHg に換算されて表示され，混乱が起きないようになっている．

$$1\,L = 10\,cm \times 10\,cm \times 10\,cm$$
$$= 1000\,cm^3 = 1000\,mL$$
$$1\,m^3 = 10\,dm \times 10\,dm \times 10\,dm$$
$$= 1000\,dm^3 = 1000\,L$$

1 mL
$1\,cm \times 1\,cm \times 1\,cm = 1\,cm^3$

図2.2　リットルと立方メートルの関係

## topic

### ● 身の回りの非 SI 単位 ●

　実験室では，3 L の溶媒が入ったガラス瓶を「ガロン瓶」，18 L の溶媒が入った金属の缶を「1 斗缶」と呼びます．いずれも体積を示す非 SI 単位で，1 米ガロンは 3.79 L，1 斗は 18.04 L です．アメリカでは現在でも距離はマイル，身長はフィートなど，多くの非 SI 単位が利用されています．たとえばインターネットでアメリカの天気予報をみると，気温は華氏で表示されています．気温が 50 ℉ と表示されていたら，暑いと思いますか？ それとも寒い日でしょうか？

表 2.4 日本薬局方通則に規定されている単位

| | | | |
|---|---|---|---|
| メートル | m | 毎センチメートル | cm$^{-1}$ |
| センチメートル | cm | ニュートン | N |
| ミリメートル | mm | キロパスカル | kPa |
| マイクロメートル | μm | パスカル | Pa |
| ナノメートル | nm | パスカル秒 | Pa・s |
| キログラム | kg | ミリパスカル秒 | mPa・s |
| グラム | g | 平方ミリメートル毎秒 | mm$^2$/s |
| ミリグラム | mg | ルクス | lx |
| マイクログラム | μg | モル毎リットル | mol/L |
| ナノグラム | ng | ミリモル毎リットル | mmol/L |
| ピコグラム | pg | 質量百分率 | % |
| セルシウス度 | ℃ | 質量百万分率 | ppm |
| モル | mol | 質量十億分率 | ppb |
| ミリモル | mmol | 体積百分率 | vol% |
| 平方センチメートル | cm$^2$ | 体積百万分率 | vol ppm |
| リットル | L | 質量対容量百分率 | w/v% |
| ミリリットル | mL | マイクロジーメンス毎センチメートル | μS・cm$^{-1}$ |
| マイクロリットル | μL | エンドトキシン単位 | EU |
| メガヘルツ | MHz | コロニー形成単位 | CFU |

　日本における医薬品の公的な規格基準書である日本薬局方の一般原則を記載した通則には，本文の中で用いられる主な単位をまとめた項目があり，表2.4にあるように，多くのSI単位系が掲載されている．医療現場では，これ以外にもさまざまな単位が利用されている．たとえばイオンの電荷バランスを考えるときは，物質量をイオンの価数で除した**グラム当量**（Eq，equivalent）を用いる．ナトリウムイオンやカリウムイオン，塩化物イオンなどの1価イオンの場合は，物質量＝グラム当量となるが，カルシウムイオンは2価の陽イオンなので1グラム当量の質量は40/2＝20gになる．

▶日本薬局方（The Japanese Pharmacopoeia）
医薬品，医療機器等の品質，有効性及び安全性の確保等に関する法律第41条に定められている．5年に一度大きな改正があり，2021年に第十八改正日本薬局方が公示された．

▶mEq
輸液に含まれる電解質量にはmEq（メック）の単位が用いられる．

● 天気予報の気圧の単位 ●

　天気予報では，気圧を表すのにhPa（ヘクトパスカル）という単位が用いられています．これは，それまで使われていたmbar（ミリバール）という単位を1992年にSI単位系に切り替えるとき，PaそのものではなくhPaにしたのです．その理由は，10$^2$を示すh（ヘクト）というSI接頭辞をつけるとmbarと同じ値になるので，日常生活で混乱が起きないように配慮したのです．

　この他に薬学や医療の分野では，ガスボンベの圧力はkPa，血液中の酸素分圧はTorr，血圧はmmHgなど，さまざまな圧力の単位が使われているので注意してみましょう．台風が発生したというニュースで中心気圧の値を見たら，この単位の話を思い出してください．

## 2.3　有効数字と科学的表記

　定規，ビュレット，温度計などを使って計測するとき，目視で目盛りよりももう1桁多く読んだ結果を記録する．最後の1桁は人によって変動する可能性があり，この桁の値は不確実な概算値である．図2.3の例では，確実にわかっている数字にさらに1桁つけ加えているが，5.65の三つの数字はすべて意味をもっている．これらを**有効数字**（significant figure）と呼ぶ．図2.3の場合は「有効数字の桁数が3桁である」と表現する．

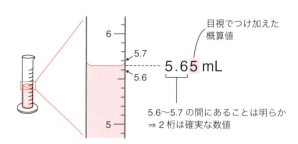

**図2.3**　確実な数値と不確実な概算値

　61 mL と 61.0 mL という表記を比べてみよう．数学的には 61 も 61.0 も同じ値だが，それぞれの測定値としての範囲は前者が 60.5 〜 61.5 mL，後者が 60.95 〜 61.05 mL である．つまり，二つの数値は測定の精度が異なることが明らかで，数字の右側にある0は意味のある数字として取り扱われている．有効数字は，それぞれ2桁と3桁である．

　質量を測定して 0.00134 g という結果が得られたとき，1の左側にある三つの0は単に位取りのためだけのものなので，有効数字の桁数は3桁と考える．こういう場合は，$1.34 \times 10^{-3}$ と表すと，有効数字の桁数がわかりやすい．

　$1.34 \times 10^{-3}$ や $2.15 \times 10^{2}$ のように，1 〜 10 の間の数字と 10 の累乗を組み合わせた表記を**科学的記数法**（scientific notation）と呼び，有効数字を明示する場合，SI 接頭語の利用を念頭におく場合などに使われる．

$$例　215 = 2.15 \times 100 = 2.15 \times 10^{2}$$
$$0.00215 = 2.15 \times 1/1000 = 2.15 \times 1/10^{3} = 2.15 \times 10^{-3}$$

　170000 と記載された数値は，どこまでが有効数字であるか判断しにくい．この数値を距離の測定値（単位 m）として考えてみよう．仮に最後の0までが有効数字だとすると，真の値は 169999.5 〜 170000.5 m だと理解されるので，170 km の距離を 1 m の範囲で非常に高精度に測定した結果になる．もし，有効数字が2桁であれば $1.7 \times 10^{5}$ m と表記でき，真の値は 165000 〜

175000 m の間にある．有効数字が 4 桁なら $1.700 \times 10^5$ m であり，真の値は 169950 〜 170050 m の間に存在することになる．このように，有効数字の桁数によって，測定の精度が異なることがわかる．したがって何かを計測して値を表示する場合は，有効数字を明確にする必要がある．

有効数字は「値の確実さ」ともいえる．用いる手段で得られる値の確実さが違うことも念頭においておこう．

## 2.4 濃度と密度

濃度とは，混合物中の成分の割合のことであり，質量，容量，物質量などによって表現される．単に濃度という場合は溶液の濃度のことを指すことが多く，本節でも溶液の濃度を取り扱う．

溶液の濃度は，**溶質**（eluent）が**溶液**（solution）中にどのくらい存在しているかを示している．溶液の濃度を表記する方法は，大きく分けてパーセント濃度とモル濃度がある．

### 2.4.1 パーセント濃度：3 種類をしっかり区別

パーセント（%）は百分率を示す用語で，成分の量を全量で除して 100 を掛けた値である．たとえば，固体試薬のラベルに 98%以上と記載されている場合，その試薬を 100 g 量り取ったときの 98 g 以上がラベルに記載された化学物質であることを示す．

一方，溶液のパーセント濃度は，質量と容量の組合せによって 3 種類ある．**質量パーセント濃度**は，溶液 100 g 中に存在する溶質の質量（g）である．日本薬局方の通則では単に%と書かれている場合は質量パーセント濃度（質量百分率）を指すが，厳密に区別したい場合は wt%と書くこともある．**質量対容量パーセント濃度**（質量対容量百分率）は溶液 100 mL 中に存在する溶質の質量（g）であり，w/v%と表す．溶液の全量が容量であることに注意してほしい．**容量パーセント濃度**（容量百分率）は溶液 100 mL 中に存在する溶質の容量（mL）であり，vol%と表す．溶質も容量であることが w/v%との違いである．

化学実験に用いる試薬は，正しく調製しなければならない．このため，パーセント濃度を用いている場合は，上記の 3 種類のいずれであるかを正しく理解しておく必要がある（図 2.4 ①〜③）．

百分率と同様に全体に対する割合を示す概念として，百万分率（parts per million, ppm）や十億分率（parts per billion, ppb）がある．これらは非常に低い濃度を表す場合に用いられ，1 ppm をパーセントで表現すると 0.0001%になる．

### 2.4.2 モル濃度：化学の基本となる濃度

化学反応を考えるときは，反応にかかわる物質どうしの物質量比が重要であ

▶ ppm
日本薬局方で規定されている医薬品中の重金属の許容限度は，ppm 単位で示されている．たとえば「アスピリン」の項目では，重金属を定量したとき 10 ppm 以下であることが定められている．すなわち，「アスピリン」1 g 中に含まれている重金属は 10/1,000,000 g ＝ 0.00001 g ＝ 0.01 mg ＝ 10 ng 以下になる．

▶ ppb
大気中に含まれる気体の大気汚染物質の濃度や，食品中のカビ毒などの最大基準値などが用いられている．たとえばリンゴ果汁を汚染するカビ毒パツリンは基準値が 50 ppb（50 μg/kg）と定められている．

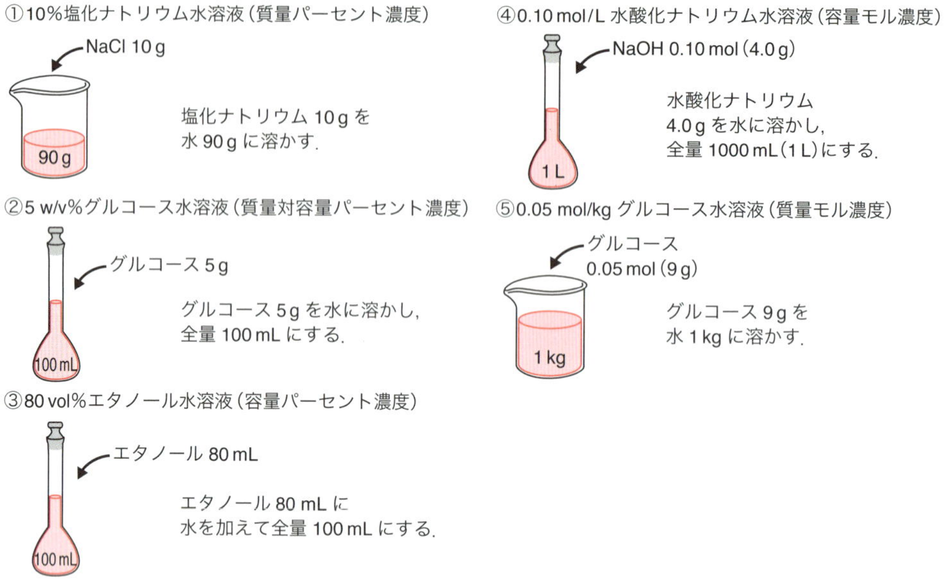

①10%塩化ナトリウム水溶液（質量パーセント濃度）

NaCl 10 g

塩化ナトリウム 10 g を
水 90 g に溶かす．

90 g

②5 w/v%グルコース水溶液（質量対容量パーセント濃度）

グルコース 5 g

グルコース 5 g を水に溶かし，
全量 100 mL にする．

100 mL

③80 vol%エタノール水溶液（容量パーセント濃度）

エタノール 80 mL

エタノール 80 mL に
水を加えて全量 100 mL にする．

100 mL

④0.10 mol/L 水酸化ナトリウム水溶液（容量モル濃度）

NaOH 0.10 mol（4.0 g）

水酸化ナトリウム
4.0 g を水に溶かし，
全量 1000 mL（1 L）にする．

1 L

⑤0.05 mol/kg グルコース水溶液（質量モル濃度）

グルコース
0.05 mol（9 g）

グルコース 9 g を
水 1 kg に溶かす．

1 kg

**図 2.4**　三つのパーセント濃度と二つのモル濃度

▶水のモル濃度
1 L = 1000 g とすると
1000/18 ≒ 55.6 mol/L になる．

▶生体内の物質の濃度
血液中のカルシウムイオンの濃度はほぼ一定に保たれており，およそ 1.2 mmol/L（4.8 mg/dL）である．また鉄濃度は約 20 μmol/L（112 μg/dL）である．

る．そのため，中和滴定に用いる酸，塩基の溶液をはじめとして，化学の分野では**モル濃度**を用いることが多い．モル濃度で表現された試薬を正しく調製することは，化学実験において基本的で必須の技能である．

　モル濃度は容量モル濃度とも呼ばれ，溶液 1 L 中に含まれる溶質の物質量を表したものであり，SI 単位系では mol/L（$mol\,L^{-1}$）である．化学実験では，大文字の M（molar，モーラーと読む）で表すこともある．また生体内の物質やイオンなどの非常に低い濃度を示すときには，SI 接頭辞とともに用いる．

$$10^{-3}\,mol/L\,(10^{-3}\,M) = 1\,mmol/L\,(1\,mM)$$
$$10^{-6}\,mol/L\,(10^{-6}\,M) = 1\,\mu mol/L\,(1\,\mu M)$$

　ここで，モル濃度は溶液の全量中に含まれる溶質の物質量であることに注意しよう．たとえば，0.10 mol/L の水酸化ナトリウム水溶液を調製するときは，0.10 mol（すなわち 4.0 g）の水酸化ナトリウムの固体を量り取り，そこに水を加えて全量を 1 L とする（図 2.4 ④）．固体 4.0 g に水 1 L を加えるのではないことに注意してほしい．

### 2.4.3　質量モル濃度：沸点や凝固点を考えるときに便利

　物質量で表すもう一つの濃度表現として，主に凝固点降下，沸点上昇，蒸気圧降下など溶液の束一的性質を考えるときに用いる**質量モル濃度**がある．単位は mol/kg（$mol\,kg^{-1}$）であり，溶液ではなく溶媒（solvent）1 kg あたりの溶質の物質量であることに注意が必要である（図 2.4 ⑤）．質量を用いるのは，束一

的性質が溶媒分子と溶質粒子の比に影響を受け，温度が変化すると体積値が変化してしまうためである．

### 2.4.4 当量濃度：電荷を表す

生体内では，さまざまな物質が水溶液の状態で存在している．体液は大きく細胞内液と細胞外液に分けられ，それぞれの電解質，非電解質の濃度が常にバランスをとっている．

たとえば電解質を考えてみよう．細胞の内と外ではイオン組成が大きく異なり，細胞内液では $K^+$ や $HPO_4^{2-}$ が，血液などの細胞外液では $Na^+$ や $Cl^-$ が多い．これらのイオンの価数を考慮して体液全体で電気的に中性であることを示すには，イオン粒子のモル濃度ではなく，**当量濃度**（Eq/L）を用いる．これはモル濃度にそのイオンの価数を乗じた値であり，電荷の濃度ともいえる．血漿中のナトリウムイオンは約 142 mEq/L，カリウムイオンは約 5 mEq/L である．

### 2.4.5 密度と比重：100 g の綿と鉄，どっちが重い？

**密度**（density, $\rho$）とは，物質の単位体積あたりの質量である．SI 単位で示すと $kg/m^3$（$kg\,m^{-3}$）であるが，一般的には $g/cm^3$（$g\,cm^{-3}$）で表されることが多い．たとえば，25 ℃における水の密度は 0.997 $g/cm^3$ である．$cm^3$ は mL と同じであるから，これは水 1.00 mL を正確に量り取ったとき，その質量が 0.997 g であることを示す．物質の体積は温度によって変化するため，密度の値も温度の影響を受ける．水の密度は 4 ℃のときが最も大きい．また，密度は単一の化合物だけでなく，溶液の性質を示すためにも利用される．表 2.5 に，さまざまな物質，溶液の密度を示した．

**比重**（specific gravity, $d$）とは，同温，同体積の基準物質と比較した相対的な密度のことであり，密度どうしの除算で求めるため単位のない無次元量である．固体や液体の場合の基準物質は 4 ℃の水であることが多い．

▶溶液の濃度を(1 → 3)と示すとき
日本薬局方では，(1 → 3)，(1 → 100) などの溶液の濃度の表し方が規定されている．この二つの例は，固形の薬品の場合は 1 g，液状の薬品の場合は 1 mL を溶媒に溶かし，全量を 3 mL，100 mL などとすることを表している．また，混液の比率を(8：3：2)のように示す場合は，液状の薬品の容量比を表している．

▶氷が浮く理由
水の密度は 4 ℃で最大である．氷の状態では水分子どうしの水素結合によって規則正しい結晶格子が形成されるため，氷の密度は 0 ℃で 0.9168 $g/cm^3$ と小さくなる．たとえば 100 g の水を凍らせると，4 ℃でほぼ 100 mL だった体積が 109.1 mL に増える．密度が小さくなるので氷は水に浮くことになる（p.63 の 6.3.1 項も参照）．

### ● 臨床検査値の単位 ●

人が健康な状態から逸脱したとき，診断の補助としてさまざまな検査が行われます．血液検査や尿検査などの臨床検査は 20 世紀初め頃から行われていたため，検査値の単位には，mg/dL など SI 単位系ではないものが現在でも多く利用されています．

健康な人の血中グルコース濃度（血糖値）は約 90 mg/dL なので，血糖値 450 mg/dL の患者には高血糖の治療が必要です．しかし，この値をモル濃度に換算すると 25 mmol/L となります．単位を確認せずに 25 mg/dL（＝低血糖）と勘違いしてしまうと，逆の治療（低血糖の治療）を実施して患者の生命に危険が及びかねません．さまざまな分野で SI 単位系への移行が進んでいますが，この例のように事故が起こる可能性があるため，医療現場ではほとんど移行できていません．

数字ばかりが気になり単位がおろそかになりがちですが，単位も数字の一部として取り扱うように意識することが大切です．

**表2.5**　さまざまな物質，溶液の密度と比重

| 化合物 | 温度 | 密度 $\rho$ (g/cm$^3$) | 比重 $d$ * |
|---|---|---|---|
| 水 | 0 ℃ | 0.99984 | |
| | 4 ℃ | 0.99997 | |
| | 25 ℃ | 0.99705 | $d^{20}$ 0.9982 |
| アセトン | 25 ℃ | 0.7844 | $d^{20}$ 0.7908 |
| メタノール | 25 ℃ | 0.78637 | $d^{20}$ 0.7914 |
| グリセリン | 25 ℃ | 1.2559 | $d^{15}$ 1.2644 |
| 酢酸エチル | 25 ℃ | 0.89455 | $d^{20}$ 0.902 |
| ベンゼン | 25 ℃ | 0.87360 | $d^{20}$ 0.8787 |
| ジクロロメタン | 20 ℃ | 1.3266 | $d^{20}$ 1.3255 |
| クロロホルム | 25 ℃ | 1.47970 | $d^{20}_{20}$ 1.484 |
| 塩化ナトリウム | 14.5 ℃ | 2.168 | |
| アルミニウム | 20 ℃ | 2.6989 | |
| 水銀 | 25 ℃ | 13.5339 | |
| 70% 硫酸 | 25 ℃ | 1.6059 | |
| 80% エタノール水溶液 | 25 ℃ | 0.8391 | |

\* $d$ の右下に温度の記載がない場合は 4℃の水を基準とした値である．

▶**液体の比重の表し方**
密度の測定温度

$$d\,^{20}_{\,4}$$

基準とする物質の密度の測定温度（省略されているときは 4 ℃の水が基準である）

**分液ロート**
水に溶けている有機化合物を有機溶媒に抽出するときなどに用いるガラス器具．

　表2.5 にある酢酸エチル，ベンゼン，クロロホルムは，有機化合物の合成で抽出などの操作に用いる有機溶媒（organic solvent）である．水とほとんど混合しないため分液ロート内で 2 層となるが，水よりも上層か下層かは，密度または比重を水と比較することで予測できる．

　一方，気体の比重は同温同圧の空気を基準物質として求める．ヘリウムを詰めた風船が空高く昇るのは，ヘリウムの比重が 0.1381 で空気よりも軽いためである．また，実験室でよく使われる窒素，アルゴンの比重はそれぞれ 0.9673，1.3792 である．器具中の空気を窒素で置換しても蓋を開けると空気と混合してしまうが，アルゴンで置換すると空気よりも重いため容器中にアルゴンが溜まったままで操作上好都合である．このように密度や比重は，化学実験に用いる試薬の選択に際しても重要な物性の一つである．

## 確 認 問 題

1. SI 基本単位の一つであるメートルは，「1 秒の 299,792,458 分の 1 の時間に光が真空中を進む距離（長さ）」と定義されている．その他の六つの基本単位についても定義を調べてみよう．

2. 身の回りで使われている単位を列記し，SI 単位系であるかどうかを調べてみよう．

3. 「138.200 m」「0.0834 cm」の有効数字の桁数を答えなさい．

4. 濃塩酸（37% HCl, 密度 1.18 g/cm$^3$）のモル濃度を求めなさい．

5. 市販の濃硝酸（60% HNO$_3$, 密度 1.38 g/cm$^3$）を希釈して 0.1 mol/L 硝酸水

溶液を 500 mL 調製したい．濃硝酸を何 mL 用いればよいか．

6. 血清中のナトリウムイオン濃度が 140 mEq/L のとき，ナトリウムイオンの
モル濃度を求めなさい．

7. 0.9％塩化ナトリウム水溶液に含まれるナトリウムイオンの当量濃度を求め
なさい．

8. 市販のスポーツドリンクに含まれているイオンの濃度を調べ，それぞれモ
ル濃度，パーセント濃度(w/v％)に換算してみよう．

9. 有機溶媒は 3 L または 18 L の単位で購入することがある．メタノール，ベ
ンゼン，ジクロロメタン，クロロホルムの 18 L あたりの質量を求めなさい．
表 2.5 を参考にして計算しなさい．

10. 次の有機溶媒を同量の水とともに分液ロートに入れて抽出操作を行うとき，
①上層になる，②下層になる，③水と混和して 1 層になる，のいずれか．
表 2.5 を参考にして答えなさい．

　　アセトニトリル，アセトン，エタノール，グリセリン，クロロホルム，
　　酢酸エチル，ジエチルエーテル，四塩化炭素，ジクロロメタン，
　　ヘキサン，ベンゼン，メタノール

# 3章 元素と原子

## この章で学ぶこと

- ◆ 原子は，元素としての性質を示す最小単位である．
- ◆ 原子は，陽子，中性子，電子から構成される．
- ◆ 原子のイオン化エネルギー，電子親和力，電気陰性度は，原子番号の増加とともに周期的に変化する．

### ● キーワード ●

原子(atom)，分子(molecular)，同素体，同位体(isotope)，周期律，イオン化エネルギー，電子親和力，電気陰性度

☞ コア・カリを Check
C-1 化学物質の物理化学的性質
　C-1-1 化学結合と化学物質・
　　　生体高分子間相互作用
　C-1-2 電磁波，放射線
C-2 医薬品及び化学物質の分析
法と医療現場における分析法
　C-2-5 有機化合物の特性に基
　　　づく構造解析−原理−

## 3.1 原子の構成

　物質の基本的な構成成分は元素(element)であり，元素としての性質を示す最小単位が原子(atom)である．原子はさらに小さな粒子から構成されており，原子が最小の粒子ではない．

　原子の性質を理解することは物質の性質を理解する基本である．本章では，元素の性質を原子の基本構造とつなぎ合わせて考えよう．

### 3.1.1 原子の基本構造：電子・陽子・中性子

　原子の存在が確認されてから，その構造を解明するためにさまざまな実験が行われた．1897年，トムソンは負電荷をもつ粒子(電子，electron)が原子の中に存在することを明らかにした．その後，1911年になってトムソンの弟子であるラザフォードが，原子の中心に正電荷が密集していると提唱し，原子核が発見された．ラザフォードは原子核の中の正電荷をもつ粒子を陽子(proton)と名づけた．さらに1932年，ラザフォードの弟子であるチャドウィックが電荷をもたない中性子(neutron)を発見し，現在の原子構造の基本的な姿が完成した．

　基本的な三つの粒子の質量と電荷を表3.1に示した．陽子と中性子の質量は等しく，電子の質量はその約1800分の1であるため，原子全体の質量に電子

🔑トムソン
(J. J. Thomson) 1856-1940，
イギリスの物理学者．1906年
ノーベル化学賞受賞．親はエン
ジニア(技師)にさせたかったが，
費用が捻出できず，やむを得ず
物理の道を志すことになった．

🔑ラザフォード
(E. Rutherford) 1871-1937，
イギリスの物理学者．1908年
ノーベル化学賞受賞．ニュー
ジーランドで生まれ育ち，学位
をとった．その後，イギリスに
渡ってトムソンの弟子となった．

🔑チャドウィック
(J. Chadwick) 1891-1974，
イギリスの物理学者．1935年
ノーベル化学賞受賞．マンハッ
タン計画にかかわった科学者の
一人．

表3.1　原子の構成粒子の質量と電荷

| | 質量(g) | 電荷(C) |
|---|---|---|
| 陽　子 | $1.6726 \times 10^{-24}$ | $1.6022 \times 10^{-19}$ |
| 中性子 | $1.6749 \times 10^{-24}$ | 0 |
| 電　子 | $9.1094 \times 10^{-28}$ | $-1.6022 \times 10^{-19}$ |

▶電荷のSI単位クーロン
1クーロン(C)とは1アンペア
の電流が1秒間に運ぶ電荷と
定義される．2018年にはクー
ロンからアンペアが定義される
ようになる．

の質量はほとんど影響せず，「陽子の質量＋中性子の質量」が原子の質量と考え
てよい．また，陽子と電子の電荷は符号が反対であるだけなので，原子全体は
電気的に中性であるため，陽子数と電子数は等しい．

### 3.1.2　原子番号と質量数：原子の基本的性質

　自然界に存在するさまざまな原子は，**原子番号**(atomic number)と**質量数**
(mass number)で区別される．原子番号とは，ある原子の原子核にある陽
子の数であり，質量数とは，原子に含まれる陽子の数と中性子の数の和であ
る．陽子数が異なると，原子の性質は大きく変化するため，同じ原子番号をも
つ原子は同じ元素である．一つ一つの元素には元素記号が定められている．た
とえば（ほとんどの）炭素原子は，原子番号6，質量数12，元素記号はCであ
る．元素記号に原子番号や質量数を明示するときは$^{12}_{6}$Cのように左下に原子番
号，左上に質量数を書く．

　原子の質量を比較するとき，SI単位のままでは非常に小さな値になるた
め不便である．このため，質量数12の炭素原子の質量の12分の1（$1.6605
\times 10^{-27}$ kg）を基準とした相対値で各原子の質量を表す．これを**相対原子質量**
(relative atomic mass)と呼び，単位は統一原子質量単位(u)またはダルトン
(Da)である[*1]．

　**原子量**(atomic weight)とは，後述する同位体の存在比を勘案した，各元素
の平均質量を統一原子質量単位で割ったもので相対原子質量(relative atomic
mass)とも呼ばれる無次元量である．質量数とは異なるものなので注意してほ
しい．

*1　統一原子質量単位とダル
トンは，同じ単位に対する別名
である(トピック参照)．

### ● 質量の単位ダルトン ●

　核酸やタンパク質などの生体高分子の質量を表すた
めに，ダルトン（Da）という質量単位をみかけること
があります．たとえば，がん抑制遺伝子の代表である
p53タンパク質は，見かけ上の質量が53 kDaである
ことから命名されました．このように薬学分野では繁
用されていたのですが，Daという単位が公式に使用
できるようになったのは2006年になってからです．

現在では1 Da＝1 uと定義され，さらにk（キロ）の
ようなSI接頭辞と併用することが認められています．
　ダルトンの名称の由来は化学者のドルトン（J.
Dalton）です．ドルトンは原子論の提唱者であり，原
子の質量を表す単位にはふさわしい人物といえるで
しょう．

● 組　成　式 ●

　組成式とは，物質を構成する元素とその数を示した
ものです．たとえば，エタノールもジメチルエーテル
も，組成式は全く同じ$C_2H_6O$となります．これらを
区別したいときは，どのような構造かを表す必要があ
ります．その場合は，化学構造式を利用しましょう．

### 3.1.3　分子とイオンの違い

　**分子**（molecular）とは，ある物質の性質を示す最小単位であり，電気的に中
性である．分子を構成している原子の種類と数を示したものが**分子式**である．
たとえば，水は$H_2O$，酸素ガスは$O_2$がその分子式である．また，構成原子の
種類と数が同じでもエタノール$CH_3CH_2OH$とジメチルエーテル$CH_3OCH_3$
は全く異なる性質をもつ分子である[*2]．多くの分子は2原子以上から構成さ
れる多原子分子であるが，ヘリウムなどのように1原子で安定である場合も
あり，これを単原子分子と呼ぶ．分子の相対的な質量は，構成する原子量の
総和から求められ，**分子量**（molecular weight）または相対分子質量（relative
molecular mass）と呼ぶ．

　塩化ナトリウム（NaCl）などのイオン性結晶では，NaClという単独の分子
は存在しない．NaClは分子式ではなく化学式であり，その相対質量は**化学式
量**（chemical formula weight）と呼ばれる．また，分子や原子から電子が失わ
れたり，電子が追加されたりして電荷を生じたものを**イオン**（ion）と呼び，ナ
トリウムイオン$Na^+$や水素イオン$H^+$のように1原子からなる単原子イオンや，
リン酸イオン$PO_4^{3-}$のように複数の原子からなる多原子イオンがある．その構
成を示したものは**イオン式**と呼ばれる．

[*2]　構造異性体（structural isomers）の関係にある．

▶分子量は単位のない無次元量である．

## 3.2　同素体と同位体

### 3.2.1　同素体：同じ元素でできていても性質が違う

　単一の種類の元素で構成されているが，原子の配列や結合様式が異なり，化
学的性質や物理的性質が異なる物質を**同素体**（allotrope）と呼ぶ．たとえば炭
素のみからなる同素体として，ダイヤモンド，グラファイト，フラーレン，カー

ダイヤモンド

グラファイト

フラーレン

**図3.1**　炭素同素体中の炭素原子（●）の配置

### 表 3.2 同素体の例

| 元素 | 同素体の名称と組成式 | 主な特徴 |
|---|---|---|
| 炭素 | ダイヤモンド C | 無色透明の結晶 |
| | グラファイト C | 黒鉛とも呼ばれる. 炭素原子が平面上に配置し, 層状に重なった構造をもつ. 電気伝導性をもつ |
| | フラーレン $C_{60}$ | 炭素原子のみがサッカーボール状に結合した球状分子 |
| 酸素 | 酸素 $O_2$ | 無色透明の気体 |
| | オゾン $O_3$ | 薄青色の気体. 特徴的な刺激臭があり, 酸化作用がある |
| 硫黄 | 斜方硫黄 $S_8$ | 融点 112.8 ℃. 低温では単斜硫黄よりも安定に存在する |
| | 単斜硫黄 $S_8$ | 融点 119.6 ℃ |

ボンナノチューブなどが知られており, 結晶構造, 電気伝導性などが大きく異なる(図 3.1, 表 3.2).

### 3.2.2 同位体：同じ元素でも重さが違う

原子番号 1 の元素には, 質量数が異なる 3 種類の核種(nuclide)がある. これらはいずれも水素原子ではあるが, 中性子の数が異なる. このように, 同じ原子番号でも質量数が異なる, つまり中性子数が異なる核種を同位体(isotope)と呼ぶ.

同位体を区別するためには, 元素記号の左肩に質量数を記載する. たとえば 3 種類の水素元素の同位体は ${}^1H$, ${}^2H$, ${}^3H$ と表す(表 3.3).

**▶核種**
特定の原子番号と質量数をもつ, すなわち陽子数と中性子数が特定された原子のこと.

**▶重水素 D**
水素原子の同位体の一つである重水素(deuterium)は D という元素記号で表すこともある(表 3.3). この元素記号を使うと, 核磁気共鳴(NMR)スペクトル法における重水素化溶媒である重クロロホルムは $CDCl_3$, 重水は $D_2O$ と表される.

### 表 3.3 水素の同位体

| | ${}^1H$ 水素 hydrogen | ${}^2H$ 重水素 deuterium | ${}^3H$ 三重水素 tritium |
|---|---|---|---|
| 質量数 | 1 | 2 | 3 |
| 陽子数 | 1 | 1 | 1 |
| 中性子数 | 0 | 1 | 2 |

### (1) 安定同位体

自然界には安定に存在できる多くの同位体, 安定同位体があり, さまざまな目的に利用されている(表3.4). 同位体は中性子数が異なるため, 核磁気共鳴現象が認められるかなど原子核がもつ性質が異なる. たとえば, 水素原子 ${}^1H$ を観測対象とした核磁気共鳴(${}^1H$-NMR)スペクトル法はさまざまな物質の構造推定に必須である. このとき, 同位体の重水素のピークは観察されないため, 試料を溶解する溶媒には重水素化溶媒を用いる. これにより溶媒由来のピークが観察されず, 目的の試料中の ${}^1H$ に由来したピークのみを観察できる. また, 天然に約 1％存在する炭素同位体である ${}^{13}C$ も NMR スペクトル法の観測対象

表 3.4　代表的な安定同位体の質量と天然存在率

| 同位体 | 質量 | 存在率(%) | 同位体 | 質量 | 存在率(%) |
|---|---|---|---|---|---|
| $^1$H | 1.008 | 99.989 | $^{31}$P | 30.974 | 100.00 |
| $^2$H (D) | 2.014 | 0.011 | $^{32}$S | 31.972 | 94.99 |
| $^{12}$C | 12 | 98.93 | $^{33}$S | 32.971 | 0.75 |
| $^{13}$C | 13.003 | 1.07 | $^{34}$S | 33.968 | 4.25 |
| $^{14}$N | 14.003 | 99.636 | $^{36}$S | 35.967 | 0.01 |
| $^{15}$N | 15.000 | 0.364 | $^{35}$Cl | 34.969 | 75.76 |
| $^{16}$O | 15.995 | 99.757 | $^{37}$Cl | 36.966 | 24.24 |
| $^{17}$O | 16.999 | 0.038 | $^{79}$Br | 78.918 | 50.69 |
| $^{18}$O | 17.999 | 0.205 | $^{81}$Br | 80.916 | 49.31 |

であり，有機化合物の構造決定に重要な役割を果たす．

　一方，塩素原子には $^{35}$Cl と $^{37}$Cl の 2 種類の安定同位体が 75：25 の比率で存在する．塩素原子の原子量が 35.45 であるのは，この同位体存在比を考慮しているからである．これらの同位体の化学的性質はほとんど同じであるが，その存在は質量分析法で区別でき，有機化合物を合成するときの確認手段として有用である．

● 例題 3.1 ●

塩素原子の原子量を有効数字 4 桁で表すと 35.45 である．その理由を説明しなさい．

【解答例】天然界には，質量数 35 と 37 の塩素の安定同位体があり，両者の質量はそれぞれ 34.97，36.97，存在比は $^{35}$Cl：$^{37}$Cl ＝ 75.76：24.24 である．原子量は同位体の天然存在比を加味した値であるため，平均原子量は次のように計算される．

$$34.97 \times 0.7576 + 36.97 \times 0.2424 = 35.45$$

topic

● 安定同位体を利用した分析 ●

　クロロベンゼン（$C_6H_5Cl$，平均分子量 112.56，精密質量 112.0080）の質量分析を行うと，質量 112 と 114 のピークを約 3：1 の比率で観察することができます．ここから，測定対象の分子の構造中に 1 個の塩素原子が存在していることがわかります．このように安定同位体の存在情報は，合成した化合物の構造を確認する目的などに有用です．

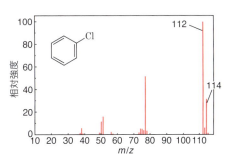

　　質量分析法（mass spectrometry）を用いると，異なる同位体を見分けることができる．一般的に，分子量は同位体存在比を加味した平均原子量を使って計算する．これを平均分子量と呼ぶ．しかし同位体を区別する質量分析では，原子の質量を，整数ではなく小数点以下の値で示した精密質量で表す．たとえば，$^1$H の精密質量には 1.00782503 を用いる．この精密質量を用いて，分子を構成する各元素の単一の同位体のみからなる分子の精密質量を算出したものをモノアイソトピック質量と呼ぶ．

### (2) 放射性同位体

▶放射性壊変
放射性同位体の原子核が状態を変化させること．放出される放射線の種類によって，α壊変，β壊変，γ壊変などがある．

▶同位体標識
構造中の特定の原子を放射性同位体などで置換すること．

　　安定同位体の他に，時間とともに放射線を発生しながら異なる核種に変化する放射性同位体（radioisotope，RI）があり，その特徴を利用してさまざまな研究が行われている．たとえば，炭素同位体の一つである $^{14}$C は長寿命の放射性同位体であり，$^{12}$C との存在比を使って炭素化合物の年代を推定することができる．

　　薬学分野では RI で標識した化合物を使って，細胞内への薬物の取り込み具合や，生体内での薬物の挙動を調べたりする研究が必要となることも多い（近年は RI を使わない実験も増えてきている）．このときによく利用される放射性同位体には $^3$H，$^{32}$P，$^{35}$S，$^{131}$I などがある（表 3.5）．特に $^{32}$P は半減期が 14.2 日と比較的短く，生化学実験に汎用されている．また医療分野では，RI を含む放射性診断薬が，患者の全身の状態を調べる画像検査，がんなどの疾患の診断や治療などに利用されている．このほか，$^{13}$C で標識した薬剤を使うと，呼気中の $^{13}CO_2/^{12}CO_2$ 比を測定して，ヘリコバクター・ピロリ菌への感染状態を調べることができる．

表 3.5　代表的な放射性同位体と放射性医薬品の例

| 目　的 | 代表的な RI と放射性医薬品の例 |
|---|---|
| 疾患を治療する（治療用医薬品） | $^{89}$Sr　（塩化ストロンチウム）<br>$^{131}$I　（ヨウ化ナトリウム） |
| 人に直接投与して疾患の診断を行う（診断用医薬品） | $^{67}$Ga　（クエン酸ガリウム）<br>$^{99m}$Tc　（過テクネチウム酸ナトリウム）<br>$^{123}$I　（ヨウ化ナトリウム）<br>$^{201}$Tl　（塩化タリウム） |
| 人から採取した試料を使って検査する（体外診断用医薬品） | $^{125}$I　（RI 標識抗体） |

♟メンデレーエフ
（D. I. Mendelejev）　1834-1907，ロシアの化学者．シベリアで生まれた後，サンクトペテルブルクに移住し，教育を受けた．原子番号 101 番のメンデレビウムは彼にちなんで名づけられた元素である．

## 3.3　元素の周期律と化学的性質

### 3.3.1　周期律：メンデレーエフの大発見

　　1869 年にメンデレーエフは，元素を原子量順に並べると，化学的性質が類似した元素が周期的に並ぶという周期律を示した．これを表にしたものが周

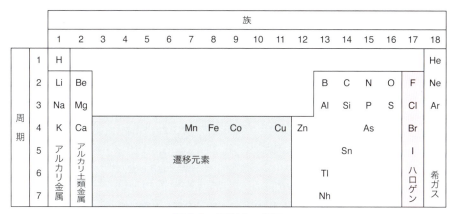

**図 3.2** 周期表の概要

期表 (periodic table) であり，当時発見されていなかった元素の部分は空欄に
なっていた．

　周期表の横方向(行)を周期，縦方向(列)を族と呼び，同じ族に属する元素を
同族元素という（図 3.2）．原子核や電子が発見されてからも元素の配置はほぼ
変わらず，現在の周期表は原子番号順に元素が並び，1 ～ 18 族で一つの周期
をなす長周期表が国際的な標準である．2016 年 11 月 30 日に新たに四つの元
素の名称と記号が追加され，2019 年現在，118 種類の元素が発見されている．

### 3.3.2　ボーアの原子モデルと周期表：原子の古典的なモデル

　電子および原子核が発見された後，1913 年にボーアが古典的な原子モデル
を提唱した．このモデルでは，電子は原子核から一定の距離だけ離れた軌道を
円運動しており，厳密には水素原子についてのみ適用できた．その後，1916
年にコッセルが，電子はそれぞれ決まったエネルギー（**電子殻**）に存在しそれ
ぞれの電子核に収容できる電子の数には制限がある，という電子殻構造モデル
を提唱し，電子配置と周期律を関連づけた．

　この電子殻構造モデルによると，内側から K，L，M，…と名づけられた電
子殻には，それぞれ 2，8，18 個，…という電子の定員があること，希ガスは
最外殻がすべて埋まった閉殻となっているため，安定な性質であることが説明

●ボーア
(N. H. D. Bohr) 1885-1962，
デンマークの物理学者．1922
年，ノーベル物理学賞受賞．原
子番号 107 番のボーリウムは
彼の名にちなんだものである．

●コッセル
(W. Kossel) 1888-1956，ド
イ ツ の 物 理 学 者．父 の A.
Kossel は 1910 年のノーベル
生理学・医学賞の受賞者である．

● 日本発！ 113 番目の元素「ニホニウム」 ●

　2016 年 6 月 8 日，国際純正・応用化学連合(IUPAC)
は，新たに四つの元素を命名しました．このうち，原
子番号 113 の元素は日本の理化学研究所が亜鉛 $^{30}Zn$
の原子核を高速でビスマス $^{83}Bi$ に衝突させて合成し
たものです．欧米以外の国に元素の命名権が与えられ
たのは初めてのことで，理化学研究所提案した元素名
ニホニウム，元素記号 Nh が 2016 年 11 月に周期表
第 7 周期第 13 族に掲載されました．

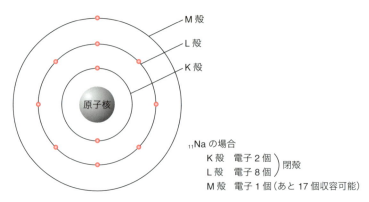

**図 3.3**　ボーアの原子モデルと電子殻

できる．また同族元素は最外殻電子数，すなわち**価電子**の数が一致するため，化学的性質が似通っているという説明にもなる．

### 3.3.3　元素がもつ性質の周期性：価電子が性質を決める

　同族元素の価電子数が同じであるという事実から，元素のイオン化エネルギー，電子親和力，電気陰性度の周期性を説明できる．

### (1) イオン化エネルギー

　**イオン化エネルギー**（イオン化ポテンシャル，$E_i$）とは，中性原子が電子1個を失って陽イオンになるために必要な最小のエネルギーのことである．

$$原子 + エネルギー E_i \rightarrow 陽イオン + e^-$$

すなわち $E_i$ が小さい元素ほど，少ないエネルギーで容易に陽イオンになる．たとえば1族のナトリウムは，最外殻に1個の電子しかもたないため，これを取り去って陽イオンにすることが容易である．すなわち，$E_i$ の値は小さい．

$$Na + E_i \rightarrow Na^+ + e^-$$

　原子がもつ複数の電子から1個目の電子を取り去るために必要なエネルギーを第一イオン化エネルギーと呼ぶ．これは元素の最外殻電子の状態を反映するため，原子番号との関係が図 3.4 に示したように周期的になる．

　原子番号が大きくなると原子核内の陽子数，すなわち正電荷が大きくなる．このため，同一周期の元素では原子核が電子を引きつける力が大きくなり，電子を取り去るためのエネルギーも大きくなるため，徐々に第一イオン化エネルギーが増大する．このとき，2族と3族の元素ではエネルギー値の逆転が起きていることを確認しておこう．これは後述するように，いったん2個の電子が収容された時点で原子軌道がやや安定化するため，3族元素は電子1個を失

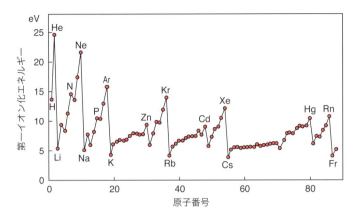

**図 3.4** 第一イオン化エネルギーの周期性

うことによって安定化するためである.

　また，周期が大きくなると最外殻電子の原子核からの距離が大きくなるため，簡単に電子を取り去ることができるようになる．すなわち同一族で比較すると，周期が大きい元素のほうが第一イオン化エネルギーが小さい.

　一方，第4周期から登場する遷移元素では，第一イオン化エネルギーはあまり変わらない．これは，同一周期の遷移元素は最外殻電子の状態が変わらず，内殻電子の数のみが変化しているためである(4.3節参照).

## (2) 電子親和力

　イオン化エネルギーとは逆に，中性原子に電子1個を加えて陰イオンが生じるときに放出されるエネルギーを**電子親和力**（electron affinity, $E_{ea}$）と呼ぶ．電子親和力，すなわち放出されるエネルギーが大きいほど，生成する陰イオンが安定であることを表す.

$$原子 + e^- \rightarrow 陰イオン + エネルギー E_{ea}$$

　たとえば，ハロゲン元素の電子親和力は非常に大きい．これは，最外殻にあと一つだけ電子が入れば安定な希ガス構造になるためである．すなわち，次式の $E_{ea}$ の値は非常に大きい．一方，アルカリ金属元素の $E_{ea}$ は非常に低く，陰イオンになりにくいことがわかる.

$$Cl + e^- \rightarrow Cl^- + E_{ea}$$

　原子番号との関係を見てみると，同一周期では，原子番号が大きいほど原子核の正電荷が大きくなるため，電子を引きつける力が強く，$E_{ea}$ は大きくなる．しかし，イオン化エネルギーほどの明確な周期性は認められない.

| 族<br>周期 | 1 | 2 | 3 | 4 | 5 | 6 | 7 | 8 | 9 | 10 | 11 | 12 | 13 | 14 | 15 | 16 | 17 |
|---|---|---|---|---|---|---|---|---|---|---|---|---|---|---|---|---|---|
| 1 | H<br>2.2 | | | | | | | | | | | | | | | | |
| 2 | Li<br>1.0 | Be<br>1.6 | | | | | | | | | | | B<br>2.0 | C<br>2.6 | N<br>3.0 | O<br>3.4 | F<br>4.0 |
| 3 | Na<br>0.9 | Mg<br>1.3 | | | | | | | | | | | Al<br>1.6 | Si<br>1.9 | P<br>2.2 | S<br>2.6 | Cl<br>3.2 |
| 4 | K<br>0.8 | Ca<br>1.0 | Sc<br>1.4 | Ti<br>1.5 | V<br>1.6 | Cr<br>1.7 | Mn<br>1.6 | Fe<br>1.8 | Co<br>1.9 | Ni<br>1.9 | Cu<br>1.9 | Zn<br>1.7 | Ga<br>1.8 | Ge<br>2.0 | As<br>2.2 | Se<br>2.6 | Br<br>3.0 |
| 5 | Rb<br>0.8 | Sr<br>1.0 | Y<br>1.2 | Zr<br>1.3 | Nb<br>1.6 | Mb<br>2.2 | Tc<br>1.9 | Ru<br>2.2 | Rh<br>2.3 | Pd<br>2.2 | Ag<br>1.9 | Cd<br>1.7 | In<br>1.8 | Sn<br>2.0 | Sb<br>2.1 | Te<br>2.1 | I<br>2.7 |

電気陰性度増加 →

電気陰性度減少 ↓

図 3.5 電気陰性度の周期性(数字はポーリングによる値)

**ポーリング**
(L. C. Pauling) 1901-1994, アメリカの化学者. 1954年, ノーベル化学賞受賞, 1962年, ノーベル平和賞受賞. (団体を除き) これまでに4人しかいない, ノーベル賞複数回受賞者の一人である.

**マリケン**
(R. S. Mulliken) 1896-1986, アメリカの化学者. 1966年, ノーベル化学賞受賞. 1953年には学会参加のため来日した.

**▶クーロン力**
電荷どうしの間に働く力で, 引力と斥力(反発力)がある. 静電力, 静電的引力とも呼ばれる.

### (3) 電気陰性度

**電気陰性度** (electronegativity) とは, 分子中の原子が電子を引きつける強さを示した相対的尺度である. 経験的に求めたポーリングによる値と, イオン化エネルギーと電子親和力の平均から求めたマリケンによる値が代表的な尺度として知られる.

ポーリングの電気陰性度で周期性を見てみよう (図 3.5). たとえば同一周期では, 原子番号の増加とともに電気陰性度も増加する. 原子番号が大きくなると, 原子核の陽子数が増え, 核の正電荷が増大する. よって最外殻電子に対するクーロン力が大きくなるため, 電気陰性度が増加する.

一方, 同一族では周期が大きくなるほど電気陰性度は減少する. 同一族の場合は, 核電荷は増加するが, 原子核と最外殻電子の距離が大きくなるため, 正味の引力は減少する. さらに, 周期ごとに内殻電子が増えて核電荷を遮断することも電気陰性度減少の原因である.

## 確認問題

1. 同位体について説明しなさい.
2. 同素体について説明しなさい.
3. 臭素原子(原子番号 35)の原子量を 4 桁で表すと 79.90 である. その理由を説明しなさい.
4. イオン化エネルギーと電子親和力の定義について, 説明しなさい.
5. 同一周期の元素では, 原子番号が大きくなるほど, 第一イオン化エネルギーが大きくなる傾向がある. この理由を説明しなさい.
6. 同族元素では, 周期が大きくなるほど第一イオン化エネルギーが小さくなる. この理由を説明しなさい.
7. ハロゲン元素は他の族よりも電子親和力が大きい. この理由を説明しなさい.
8. 周期表第 1 ~ 17 族の元素の中で, 最も電気陰性度が大きい元素は何か. 理由とともに説明しなさい.

# 4章 原子と電子

## この章で学ぶこと

◆ 電子は，軌道と呼ばれる一定の領域を自由に運動している．

◆ 原子殻は s，p，d，f と呼ばれる原子軌道に細分化できる．

◆ 電子を軌道に配置するためのルールがある．

◆ ある状態の電子は四つの量子数で特定することができる．

◆ 原子の電子配置は，元素のさまざまな性質に影響する．

● キーワード ●

主殻，副殻，原子軌道，量子数，電子配置，パウリの排他原理，フントの法則，典型元素，遷移元素

## 4.1　電子を収容する原子軌道

　第3章では，ボーアの原子モデルにおいて K 殻に2個，L 殻に8個，M 殻に18個という電子の定員があることを説明した．このような定員はどのようにして決まるのだろう．また，周期表の第3周期に存在する元素数が第2周期と同じ8個であるのはなぜだろう．前章で学んだイオン化エネルギーや電子親和力，電気陰性度の周期性はなぜ生じるのだろう．

　これらの疑問は，電子を収容する**軌道**（オービタル，orbital）の概念を理解することで解決できる．本章では高校で学んだ電子殻の構造を，軌道という新しい概念を用いて解き明かしていく．

### 4.1.1　主殻と副殻：高校では習わなかった概念

　ボーアの原子モデルにおいて K，L，M，…殻と呼ばれる電子殻は，細分化できることがわかった．ここで K，L，M…殻を**主殻**，s，p，d，f 軌道を**副殻**と呼ぶ．図4.1に主殻と副殻の関係と，そこに収容される電子数を示した．図中の1本の線は一つの軌道を表し，それぞれに最大二つの電子が入ることができる．

　K 殻には s 軌道という副殻が一つある．L 殻には，これに三つの p 軌道が

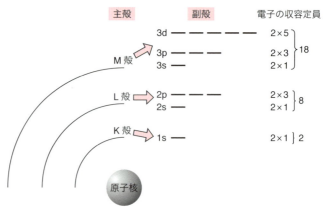

**図 4.1**　主殻と副殻の関係と電子の収容定員
副殻 1 個あたり 2 個の電子を収容できる.

加わり, 合計で四つの副殻から構成されている. それぞれの副殻に収容される
電子の定員は 2 個であるため, L 殻には 8 個の電子が収容できる. M 殻には
さらに五つの d 軌道が加わり, 合計九つの副殻から構成されている. これが,
M 殻の電子の定員が 18 個の理由である.

### 4.1.2　原子軌道の種類：4 種類の副殻とその形

　副殻に収容された電子は, 決められた軌道をぐるぐると周回しているのでは
なく, 一定の領域を自由に運動している. この領域は電子雲とも呼ばれ, ある
瞬間に電子はこの雲の中のどこかに存在している. **原子軌道** (atomic orbital,
AO)とは, 電子が存在しうる立体的な領域のことである.

　s, p, d, f 軌道などという副殻は, 原子軌道の種類であり, 軌道ごとに固
有の形やエネルギーをもつ. **s 軌道**は丸い球対称の形をしており, どこで切っ
ても断面は円形となる (図 4.2). 第一周期の水素やヘリウムの s 軌道, すなわ
ち K 殻の s 軌道は 1s と呼ばれる. 第二周期の元素では L 殻が加わり, その s
軌道は 2s と呼ばれる. この二つの s 軌道を比較すると, 1s 軌道のほうが小さ
く, 原子核により近いため, 原子核の正電荷との引力によってより安定である.
すなわち, 2s 軌道よりも 1s 軌道のほうがエネルギーが低い.

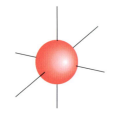

**図 4.2**　s 軌道の形

---

<sup>topic</sup>

### ● 電子のスピンが磁力を生む ●

　なぜ, 2 個の電子が反発しあわずに, 一つの軌道に
入ることができるのでしょう？「電子が自転する」と
考えると, これを説明することができます. 負電荷を
もつ電子が自転（スピン）すると磁場が発生し, 微少
な磁石のように振る舞います. 2 個の電子がそれぞれ

逆向きにスピンしていると, 磁石を反対向きに置いて
S 極と N 極が引き合う形になります. 2 個の電子は,
スピンを反対向きにすることで, お互いに引き合い安
定に存在できるのです.

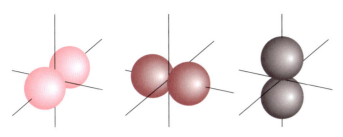

図 4.3 p 軌道の形

p 軌道には方向の異なる大きさの等しい軌道が三つ存在する（図 4.3）．これらがもつエネルギーは全く同じであり，これを **縮重** しているという．三つの p 軌道は互いに直交した三つの方向に伸びているが，原点にあたる原子核の位置は電子が存在できない．このように電子の存在確率が 0 の部分を **節**（node）と呼ぶ．図にあるように，一つの p 軌道は節を挟んだ団子のような二つのローブ（lobe）からなり，両方の領域に最大 2 個の電子が存在できる．便宜的に $p_x$，$p_y$，$p_z$ と表すこともあるが，どの軸が $x$ であるかは気にする必要はない．

▶ローブ(lobe)
領域の形が葉っぱに似ていることから，こう呼ばれる．

d 軌道にはエネルギーの等しい軌道が 5 種類あり，遷移元素の性質に重要な役割を果たしている．f 軌道は 7 種類あり，ランタノイド元素，アクチノイド元素の電子配置を考えるうえで重要である（図 4.4）．詳しくは 4.3 節で述べる．

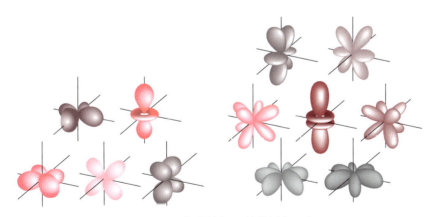

図 4.4 d 軌道(左)，f 軌道(右)の形

### 4.1.3 シュレーディンガーの波動方程式：電子の状態を教えてくれる

量子化学の発展により，原子軌道中の電子は粒子の性質と波の性質を併せもっており（粒子性と波動性），一定の領域の中で自由に動いているという，現代の原子モデルが考えられるようになった．ここで電子の運動を予測するために多大な貢献をしたのが，1926 年にシュレーディンガーが発表した **波動方程式** である．波動方程式は一般的に式(4.1)で表現され，この方程式を解くと，電子のエネルギー状態や存在様式を知ることができる．

●シュレーディンガー
(E. R. J. A. Schrödinger)
1887-1961，オーストリアの物理学者．1933 年，ノーベル物理学賞受賞．自然科学全般はもちろん，言語学や詩についても造詣の深い博学の天才．彼の生命観は後の科学者に大きな影響を与えた．

● ギリシャ文字の種類と読み方 ●

教科書に書かれたギリシャ文字の読み方がわからなくて困ることがありませんか. ちなみに, シュレーディンガー方程式にある Ψ は「プサイ」と読みます.

右に示したのは薬学分野でよく使われるギリシャ文字（括弧内は小文字）です. どれを見たことがありますか？ また, どれを読むことができますか？ 知らない文字はぜひ調べてみましょう.

$$A\,(\alpha)\quad B\,(\beta)\quad X\,(\chi)\quad \Delta\,(\delta)\quad E\,(\varepsilon)\quad \Phi\,(\phi)$$
$$\Gamma\,(\gamma)\quad H\,(\eta)\quad K\,(\kappa)\quad \Lambda\,(\lambda)\quad M\,(\mu)\quad N\,(\nu)$$
$$\Pi\,(\pi)\quad \Theta\,(\theta)\quad \Sigma\,(\sigma)\quad T\,(\tau)\quad \Omega\,(\omega)\quad \Psi\,(\psi)$$

$$E\Psi = H\Psi \tag{4.1}$$

式中の $E$ は電子のもつ全エネルギー, $H$ はハミルトニアン（ハミルトン関数）と呼ばれる関数である. 式(4.1)の解である $\Psi$ は波動関数と呼ばれ, 原子核からの距離・角度を表す因子や複素数が含まれている. 波動関数の絶対値の2乗 $|\Psi|^2$ は電子の存在確率を表す.

波動関数は, 原子軌道の大きさや形を表現する関数であり, 水素原子の s 軌道の波動方程式を解くと, その解の符号は一つだけになる. しかし p 軌道になると, 解の符号が＋と－の2種類になり, 図に表すと節が境目になる. 軌道を図示するとき, 図4.5にあるようなさまざまな描き方があるが, これは波動方程式の解の符号の違いを表した結果である. 白と黒, あるいは＋と－という表現が電子密度の大小を示しているわけではないことに注意しよう.

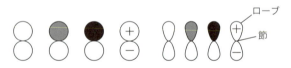

**図4.5**　さまざまな軌道の表し方

### 4.1.4　量子数：電子の住所がわかる

波動方程式を解いて得られる波動関数（原子軌道）の中に存在する電子の状態（量子状態）を表すために, 量子数と呼ばれるいくつかの値を定義する必要がある. この量子数には, 主量子数, 方位量子数, 磁気量子数, スピン量子数の四つがあり, それぞれ定められた範囲内の整数値または半整数値をとる. 順に見ていこう.

### (1) 主量子数

**主量子数** $n$ は周期表の周期と一致するような正の整数値(1, 2, 3, …)をとり, 主殻(K, L, M, …)を区別する. すなわち, $n=1$ は K 殻に, $n=2$ は L 殻に対応する. それぞれの殻に入る電子の最大数は $2n^2$ 個である.

### (2) 方位量子数

**方位量子数** $l$ は副量子数とも呼ばれ，副殻（s，p，d，f軌道）を区別する．その範囲は，$0 \leq l \leq n-1$ であり，$l = 0$ はs軌道に，$l = 1$ はp軌道に対応する．たとえば，$n = 1$，$l = 0$ は1s軌道，$n = 2$，$l = 1$ は2p軌道を示す．

### (3) 磁気量子数

同じ副殻の中の縮重した軌道を区別するのが**磁気量子数** $m$ であり，その範囲は，$-l \leq m \leq l$ となる．たとえばp軌道では $l = 1$ なので，$m$ は$-1$，0，1のいずれかの値をとる．これが $p_x$，$p_y$，$p_z$ に対応する．

ここまでの三つの量子数により，電子が収容される原子軌道が特定できる（表4.1）．

### (4)スピン量子数

原子軌道中に存在できるスピンが逆の2個の電子を区別するための量子数が**スピン量子数** $s$ であり，$s$ の取り得る値は $+\frac{1}{2}$ と $-\frac{1}{2}$ である．

以上の四つの量子数の組合せで，電子が収容されている原子軌道とその中の電子の状態を区別して示すことができる．よって，これら四つの量子数は電子の居場所を示す住所であるといえる．すなわち，同じ量子数の組合せで決まる電子はただ一つであり，同じ量子状態の電子が一つの原子軌道に2個以上入ることはできない．これを**パウリの排他原理**（パウリの排他律）という．

🔴パウリ
（W. E. Pauli）1900-1958，オーストリア生まれのスイスの物理学者．1945年，ノーベル物理学賞受賞．心理学者のユングの診察を受けたのがきっかけで共同研究が始まり，その結果は『自然現象と心の構造―非因果的連関の原理』という本にまとめられている．

**表 4.1** 電子の状態を規定する量子数の組合せ

| 原子軌道 | 主量子数 $n$ (1,2,3…) | 副量子数 $l$ ($0 \leq l \leq n-1$) | 磁気量子数 $m$ ($-l \leq m \leq l$) | スピン量子数 $s$ |
|---|---|---|---|---|
| 1s | 1 | 0 | 0 | |
| 2s | | 0 | 0 | |
| 2p | 2 | 1 | −1 | |
| | | | 0 | |
| | | | 1 | いずれにおいても |
| 3s | | 0 | 0 | $+\frac{1}{2}$ |
| 3p | | 1 | −1 | |
| | | | 0 | または |
| | | | 1 | |
| | 3 | | −2 | $-\frac{1}{2}$ |
| | | | −1 | |
| 3d | | 2 | 0 | |
| | | | 1 | |
| | | | 2 | |

● **例題 4.1** ●

主量子数 $n = 4$，副量子数 $l = 3$ で表される電子が入ることのできる原子軌道の数はいくつか．

**【解答例】** $n = 4$，$l = 3$ で規定される原子軌道は 4f 軌道である．$l = 3$ のとき，取り得る磁気量子数は，$-l \leq m \leq l$ より，$-3$，$-2$，$-1$，0，1，2，3 の 7 種類であるため，電子を収容できる原子軌道は七つである．

## 4.2　原子における電子配置

原子中の電子は，一つの原子軌道に 2 個ずつ存在できることをすでに述べた．それでは，どのような規則で入っていくのだろうか．原子軌道にどのように電子が入っているかを示すのが**電子配置**であり，元素が最も安定となるように電子が配置するためにいくつかのルールがある．

### 4.2.1　原子軌道のエネルギー準位：軌道にはエネルギーがある

電子の収容される場所の概要がわかったところで，次に，電子配置のルールについて考えてみよう．原子軌道には，固有のポテンシャルエネルギーがあり，これを**エネルギー準位**と呼ぶ．主量子数が大きくなるほど，原子軌道のエネルギーは高くなる．この原因には，原子核と原子軌道との距離，内殻電子による核電荷の遮蔽などがあげられる．

一方，複数の電子をもつ原子において，同じ主量子数で副量子数が異なる原子軌道のエネルギーは s ＜ p ＜ d ＜ f となる．このことから，水素以外の原子では，原子軌道がもつエネルギーの順序は，1s ＜ 2s ＜ 2p ＜ 3s ＜ 3p ＜ 4s ＜ 3d ＜ … となる．ここで，下線部のように 3d 軌道よりも 4s 軌道のほうが，エネルギーが低いことに注意してほしい．図 4.6 に原子軌道間のエネルギーの大小を図示した．これをエネルギー準位図と呼ぶ．

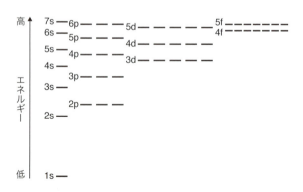

**図 4.6**　水素以外の原子における原子軌道のエネルギー準位図

### 4.2.2 電子配置のルール：低いところから入っていく

原子軌道に電子を配置するためのルールには，次の四つがある．

**ルール1　一つの軌道には，電子が2個ずつ入る．**
**ルール2　2個の電子はスピンの向きが異なる．**

パウリの排他原理によると，同じ量子状態の電子は1個しか存在できない．つまり，一つの軌道には原則としてスピンの異なる2個の電子が入る．3個入ることはない．一つの原子軌道を1本の線で示すとき，スピンの異なる電子は上向きの矢印と下向きの矢印で区別して書く(図4.7)．

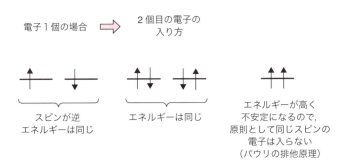

**図4.7** 矢印を使った電子配置の描き方

**ルール3　電子はエネルギー準位の低い軌道から順番に入る．**

第一周期の水素原子の電子は，最もエネルギーの低い1s軌道に入り，ヘリウム原子では2番目の電子が1s軌道にスピンを逆にして入る．原子番号3のリチウムでは，1s軌道に2個の電子が入ったあと，3個目は次にエネルギーの低い2s軌道に入る．

**ルール4　同じエネルギー準位の軌道が複数あるときは，できるだけ分散して収容される．**

第二周期元素の電子配置を図4.8に示した．原子番号5のホウ素から2p軌道に電子が入る．原子番号6の炭素原子を見ると，4個目の電子はエネルギーの等しい別の2p軌道に入っている．このように縮重している軌道がある場合，電子はできるだけ分散し，かつ同一のスピンをもつように収まっていく．これを**フントの規則**という．すべてのp軌道に1個ずつ電子が配置されたら，酸素原子からは逆のスピン量子数をもつようにして，各軌道に2個目の電子が入っていく．

♟フント
（F. H. Hund） 1896-1997，ドイツの物理学者．生涯のほとんどをドイツで送り，その間に250以上もの論文を執筆した．

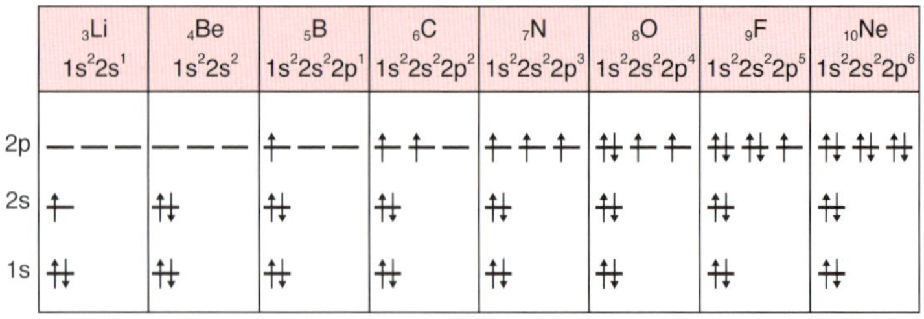

| $_3$Li $1s^22s^1$ | $_4$Be $1s^22s^2$ | $_5$B $1s^22s^22p^1$ | $_6$C $1s^22s^22p^2$ | $_7$N $1s^22s^22p^3$ | $_8$O $1s^22s^22p^4$ | $_9$F $1s^22s^22p^5$ | $_{10}$Ne $1s^22s^22p^6$ |
|---|---|---|---|---|---|---|---|

図 4.8　第二周期元素の電子配置

### 4.2.3　さまざまな原子の電子配置：遷移元素がある理由

　原子番号が大きくなるにつれて電子は増え，前項のルールに従って原子軌道に収容されていく．一般的に，原子の電子配置は図 4.8 に示したように，$_3$Li：$1s^22s^1$，$_7$N：$1s^22s^22p^3$ のように表記される．ただしこの表記法では 2p 軌道の三つの電子がどの 2p 軌道に入っているかはわからない．エネルギー準位図を使った電子配置(図 4.8 下)とともに，両方の表記を理解しよう．

　第三周期の元素の電子配置は，第二周期と同様に描くことができる．たとえば希ガスのアルゴン(Ar)の電子配置は，次のようになる[*1]．

$$_{18}\text{Ar}：1s^22s^22p^63s^23p^6 \ ([\text{Ne}]\,3s^23p^6)$$

*1　[Ne] はネオン $_{10}$Ne の閉殻構造($1s^22s^22p^6$)を表す．

主量子数3の原子軌道にはさらに 3d 軌道があるが，原子番号19のカリウム(K)の電子配置は次のようになり，3d 軌道よりも先に 4s 軌道に電子が入る．

$$_{19}\text{K}：1s^22s^22p^63s^23p^64s^1 \ ([\text{Ar}]\,4s^1)$$

つまり，第四周期のカリウムやカルシウム(Ca)は 3d 軌道が空のままである．これは図 4.6 に示したように，3d 軌道よりも 4s 軌道のほうが安定である(エネルギーが低い)ためであり，前項のルール 3 に従って電子が配置された結果である．カリウム，カルシウムで 4s 軌道が満たされた後は，その次のエネルギー準位にある 3d 軌道に電子が収容されていく．すなわち，スカンジウム(Sc)の電子配置は，次のようになる．

$$_{21}\text{Sc}：1s^22s^22p^63s^23p^63d^14s^2 \ ([\text{Ar}]\,3d^14s^2)$$

　ここで，第四周期元素のクロム(Cr)の電子配置を考えてみよう．スカンジウムの三つ右側にある原子なので，これまでと同様に考えると，電子配置は $_{24}$Cr：$[\text{Ar}]\,3d^44s^2$ であると予測できる．しかし実際には，$[\text{Ar}]\,3d^54s^1$ となり，最外殻の 4s 軌道は満たされていないが，五つの d 軌道のすべてに電子が 1 個ずつ入った状態となる．これはフントの規則に従い，スピンの向きが同一の電

子が原子全体に一様に分布したほうが反発が最小となり，エネルギー的に有利であるためである．同様に銅（Cu）の電子配置は，内殻の d 軌道が満たされるほうが有利であるため，$_{29}Cu：[Ar]3d^{10}4s^1$ である．

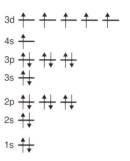

● 例題 4.2 ●

クロム原子 $_{24}Cr$ の電子配置を，原子軌道のエネルギー準位図とともに示しなさい．

【解答例】$_{24}Cr$  $1s^22s^22p^63s^23p^63d^54s^1$

できるだけ分散するというルールから，右図のようになる．

## 4.3 電子配置と元素の性質

これまで述べてきた原子の電子配置を理解すると，電子配置と周期表上に並んでいる元素の性質とのかかわりが見えてくる．

### 4.3.1 希ガス元素の安定性：閉殻が導く安定性

図 4.8 のネオン Ne の電子配置を見ると，すべての原子軌道に 2 個ずつの電子が入っている．このように内殻が満たされており，かつ最外殻の s，p 軌道に電子が満杯になり 8 個の電子が入った状態を**閉殻**と呼ぶ．ヘリウム（$_2He：1s^2$），ネオン（$_{10}Ne：1s^22s^22p^6$），アルゴンなどの希ガスが化学的に安定であるのは，閉殻であるからである．

原子はより安定な状態になるために，他の原子と電子をやりとりして最外殻の電子を 8 個にしようとする．これが化学反応の本質である．

▶オクテット則
特に第二周期元素において，最外殻電子の数が 8 個になると安定な状態になる，という規則．

### 4.3.2 典型元素と遷移元素：なぜこの 2 種類があるのか

周期表の中の元素は，大きく分けて**典型元素**と**遷移元素**に区別される．遷移元素はすべて金属であるため，遷移金属とも呼ばれる．

この区別を電子配置から考えると，典型元素（1，2 族，12 ～ 18 族）は最外殻の s 軌道または p 軌道に電子が入っている元素，遷移元素（3 ～ 11 族）は最外殻の s 軌道に電子が存在し，その内側の d 軌道または f 軌道に内殻電子が不

*topic*

● 必須微量元素 ●

生命に必須な微量元素の多くは遷移元素です．たとえば，酸素運搬に重要なタンパク質であるヘモグロビンの中にある 4 個のヘム構造の中心には鉄（Fe）が結合しています．また，ビタミン $B_{12}$ の構造にはコバル

ト（Co）が含まれています．その他に，さまざまなタンパク質の生理作用には，マンガン（Mn），モリブデン（Mo）などの遷移金属元素も欠かせません．

完全に収容されている元素である．亜鉛 (Zn)，カドミウム (Cd)，水銀 (Hg) などの 12 族元素は，電子配置を見ると，いずれも最外殻の内側の d，f 軌道が完全に満たされている．化学的性質も典型元素に近く，近年では 12 族元素は典型元素として扱われている．

### 4.3.3　イオン化エネルギーへの影響：逆転が生じる理由

電子配置を理解すると，リチウムやナトリウムが陽イオンになりやすく，塩素が陰イオンになりやすいという性質も当然のように思えてくる．前章でイオン化エネルギーと周期表の関係を述べたが，図 3.4 の Be と B，Mg と Al の部分でイオン化エネルギーの逆転が起こっていることを確認しよう．これは，B や Al が Be や Mg よりも陽イオンになりやすいということを示している．その理由は，B や Al は 2p 軌道や 3p 軌道に 1 個だけ電子が入っていて，これが取り除かれると，$2s^2$，$3s^2$ というやや安定な状態になるためである．また，O や S から電子が 1 個なくなると，三つの p 軌道に一つずつ均一に電子が入って少しだけ安定な状態となる．このため，N や P よりも，O や S のほうがイオン化エネルギーが小さくなると説明できる．

また，第四周期以降の遷移元素のイオン化エネルギーは，原子番号が大きくなってもそれほど変化しない．これは，d 軌道の電子が取り除かれても，最外殻電子である s 軌道の電子状態には変化がないためだと考えることができる．

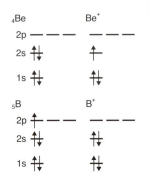

● **例題 4.3** ●

ホウ素原子のイオン化エネルギーがベリリウム原子よりも小さい理由を，電子配置を使って説明しなさい．

【解答例】電子 1 個が失われた陽イオンの電子配置は

　　ベリリウムイオン $Be^+$　$[He]2s^1$
　　ホウ素イオン $B^+$　$[He]2s^2$

となり，$B^+$ のほうが 2s 軌道が満たされた状態なので安定である（左図参照）．このため，イオン化エネルギーが小さい．

### 確 認 問 題

1. 主殻と副殻について説明しなさい．
2. M 殻にはなぜ 18 個の電子を収容することができるのか，説明しなさい．
3. 第三周期には，なぜ 8 個の原子しかないのか．電子配置の観点から説明しなさい．
4. s 軌道と p 軌道について，その特徴を比較して説明しなさい．
5. 電子を特定するための四つの量子数について，種類，取り得る値，表す意

味をまとめた表を作成し，それを使って説明しなさい．

6. 主量子数 $n = 5$，副量子数 $l = 4$ で表される電子が入ることのできる縮重した原子軌道はいくつあるか．

7. 銅原子 Cu の電子配置を，原子軌道のエネルギー準位図とともに示しなさい．

8. 遷移元素の定義と周期表での位置付けについて説明しなさい．

9. 第 3 章図 3.4 を参照し，酸素原子のイオン化エネルギーが窒素原子よりも小さい理由を，電子配置を使って説明しなさい．

# 5章

## 化学結合と電子

### この章で学ぶこと

◆ イオン結合は，陽イオンと陰イオンの間の静電的引力で成り立っている．

◆ 共有結合は，電子対を 2 個の原子が共有することで成り立つ．

◆ 原子軌道の重なりによって生じる分子軌道に共有された電子対が入ると，共有結合が形成される．

◆ 分子軌道には $\sigma$ 軌道と $\pi$ 軌道がある．

◆ エネルギーの異なる複数の原子軌道から，均一なエネルギーをもつ原子軌道が同じ数だけできる．これを混成軌道と呼ぶ．

◆ 混成軌道の成り立ちを考えると分子の立体構造を推測できる．

◆ 原子軌道や分子軌道に収まっている電子が別の軌道に移動すると，化学結合の切断・生成が起こる．

● キーワード ●

イオン結合，共有結合，配位結合，金属結合，共有電子対，非共有電子対，$\sigma$ 結合，$\pi$ 結合，分子軌道，混成軌道，共役，共鳴

## 5.1 化学結合の種類

化学結合は物質の構造や性質を決める重要な要素であり，イオン結合，共有結合，金属結合に分けられる．それぞれの結合の特徴を具体例とともに理解していこう．

### 5.1.1 イオン結合：分子ではないことに注意

イオン結合 (ionic bond) は，陽イオン (正イオン，cation) と陰イオン (負イオン，anion) との間のクーロン力[*1]によって成り立つ．すなわち，フッ化リチウム (LiF) や塩化ナトリウム (NaCl) のように，イオン結合は電気陰性度が小さく陽イオンになりやすい金属元素と，電気陰性度が大きく陰イオンになりやすい非金属元素との間に生じることが多い．

イオン結合は 1 個の陽イオンと 1 個の陰イオンが 1 対 1 で引き合うのでな

*1　クーロン力 ＝ 静電気力

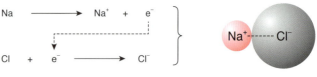

図 5.1　イオン結合の形成

NaCl の結晶

く，1個の陽イオンが周囲にある複数の陰イオンと引き合う．たとえば LiF は，たくさんの $Li^+$ とたくさんの $F^-$ が集まって結晶を構成し，電気的に中性になったものである．そのため，LiF や NaCl という分子があるわけではなく，LiF や NaCl は分子式ではなく構成するイオンの比率を表す**組成式**である．

　イオン結合に方向性はない．また，水に溶解するとイオンと水分子との間に水素結合が形成されるので，イオン結合性の化合物は水溶性である場合が多い．

### 5.1.2　共有結合と配位結合：がっちり結びつく

　**共有結合** (covalent bond) とは，二つの原子が電子対を共有することにより成り立つ結合であり，有機化合物の骨格の主体である．主に炭素，酸素，窒素などの非金属元素間で形成されるが，金属原子との間でも原子間の電気陰性度の差によって共有結合性をもつ場合もある．結合に関与する共有電子対は二つの原子核間に存在し，二つの核電荷との間で糊のような役割を果たす（図 5.2）．これが，共有結合が安定な結合である理由の一つである．

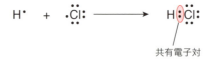

共有電子対

図 5.2　電子対の共有による結合の生成

　共有結合が成り立つ過程で，共有電子対が一方の原子のみに由来する場合，これを**配位結合** (coordinate bond) と呼ぶ．たとえば図 5.3 のように，アンモニア $NH_3$ は水素イオン $H^+$ と反応してアンモニウムイオン $NH_4^+$ を生じるが，生成したアンモニウムイオンの四つの N–H 結合はすべて均一であり，もはや区別できない．つまり，配位結合は共有結合の一種といえる．

### ● イオン化合物の分子量？ ●

　ある分子を構成している原子の原子量の総和を分子量（molecular weight, M.W.）といいます．しかし，NaCl や $MgCl_2$ のようなイオン結合性の化合物は，NaCl や $MgCl_2$ という分子を構成しているわけでは

ありませんので，分子量とはいえません．イオン化合物やイオンでは，組成式やイオン式を構成する原子の原子量の総和を式量（formula weight, F.W.）と呼んで，分子量と区別しています．

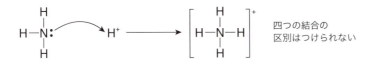

**図 5.3** 配位結合の形成
曲がった矢印は電子の動きを示している.

### 5.1.3 金属結合：金属が電気を通す理由

　金属元素は，最外殻電子を放出して陽イオンになりやすい．このとき，放出された電子は複数の金属原子の間を動き回る**自由電子**（free electron）となり，金属原子の核電荷と自由電子の負電荷との間にクーロン引力が生じる．この力により原子どうしが結びついている状態が**金属結合**（metallic bond）である（図5.4）.

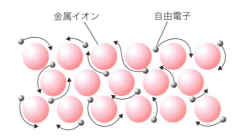

**図 5.4** 金属結合の様子

　金属結晶の性質は，図 5.4 のような自由電子の動きによって説明できる．たとえば金属が電気を通すという電気伝導性をもつのは，自由電子が金属イオンの間を移動していくためである．また，金属を延ばしたり薄く広げたりできるのは，原子の配列が変化しても自由電子がそれらをつなぎとめるためである.

▶**延性と展性**
銅線のように延ばすことができる性質を延性，金箔やアルミホイルのように薄くのばすことができる性質を展性という．両者をまとめて展延性（ductility）と呼ぶこともある.

## 5.2　軌道と共有結合

　第 4 章で述べたように，原子の中の電子は原子軌道に存在している．それでは，二つの原子で共有されている電子対は，どの軌道にあるのだろうか．この問いを理解するためのカギとなるのが，分子軌道の概念である.

　本節では，原子軌道・分子軌道という高校では学ばなかった概念を用いて，共有結合の詳細を見ていこう.

### 5.2.1　分子軌道：原子軌道が重なって新しい軌道を作る

　二つの水素原子が 1 個ずつ電子を出しあって水素分子 $H_2$ を形成するとき，共有電子対は s 軌道どうしが重なりあって新たに生成する軌道に収容される

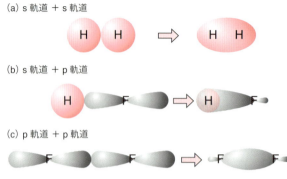

(a) s軌道＋s軌道

(b) s軌道＋p軌道

(c) p軌道＋p軌道

**図5.5**　原子軌道の重なりと新たに生じる分子軌道

（図5.5a）. フッ化水素分子(HF)における水素原子とフッ素原子の結合の場合は, 水素原子のs軌道とフッ素原子のp軌道が重なる（図5.5b）. フッ素分子($F_2$）の場合は, 二つのp軌道から新たな軌道が生じる（図5.5c）. このように2原子間の共有電子対を収めることができる軌道を**分子軌道**（molecular orbital；MO)と呼ぶ.

### 5.2.2　共有結合には種類があった：σ結合とπ結合

　球対称のs軌道どうしの重なり方は, 一通りしかない. しかし, 方向性のあるp軌道が重なるときは, 軸方向での重なり（図5.5b, c）の他に, 側面での重なりが考えられる（図5.6）. s軌道どうしが重なるか, またはp軌道の電子雲の先端が重なりに関係して生じる分子軌道を**σ軌道**と呼び, σ軌道に共有電子対が収容されているとき, その結合をσ結合と呼ぶ. 図5.5で示した分子軌道はすべてσ軌道であり, 二つの原子軌道が結合軸方向で重なりあって形成されるため, σ結合は自由に回転することができる. 塩化水素分子におけるH–Cl結合, メタン分子における$H_3C$–H結合など, 分子の骨格はσ結合で形作られている. 二重結合や三重結合などの多重結合では, そのうちの1本だけがσ結合であり, 分子の骨格を形成している.

　一方, 二つのp軌道が平行に位置して側面どうしで重なりあうと, **π軌道**と呼ばれる分子軌道が形成される（図5.6）. π軌道に共有電子対が収容された

▶σとπ
ギリシャ文字のσ（シグマ）とπ（パイ）は, それぞれsとpに相当する. σ軌道, π軌道はs軌道, p軌道にその名前の由来がある.

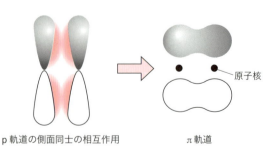

p軌道の側面同士の相互作用　　　　π軌道　　　原子核

**図5.6**　π軌道の形成

ものが π 結合であり，エチレンの C=C やアセチレンの C≡C などの多重結合のうち，1 本の σ 結合以外が π 結合である．π 軌道は原子核をつなぐ軸の上下で一対となるため，自由に回転することができない．

## 5.3　混成軌道と分子の形

　メタン分子 $CH_4$ の 4 本の単結合は，すべて σ 結合である．中心にある炭素原子の最外殻には，1 個の 2s 軌道と 3 個の 2p 軌道があるが，それぞれが水素原子の 1s 軌道と重なりあうとすると，2s と 1s という組合せの σ 結合と，2p と 1s という組合せの σ 結合ができてしまう．これではメタン分子の立体構造が正四面体であるという事実と矛盾する．

　ここで，4 本の C–H 結合を形成する四つの等価な原子軌道，すなわち**混成軌道**（hybrid orbital）という概念が考え出された．混成軌道の成り立ちを理解すれば，分子の立体構造を推測できる．

### 5.3.1　$sp^3$ 混成軌道：軌道を混ぜて均一に

　炭素原子の基底状態の電子配置は $1s^2 2s^2 2p^2$ であり，三つある 2p 軌道のうち，一つには電子が存在していない（図 5.7）．このままでは，四つの水素原子と共有結合を形成できないので，2s 軌道の電子 1 個が空の 2p 軌道に移動すると考える（昇位，図 5.7）．これで，4 本の結合は形成できるようになったが，メタンの正四面体構造という分子の形を説明できない．なぜなら，直交する三つの p 軌道の軸方向で s 軌道と重なって新たな分子軌道が形成されると，メタンの 3 本の C–H 結合どうしの角度（結合角）は 90° にならなければならず，残りの 2s 軌道が水素原子の σ 軌道と重なってできる分子軌道には方向性がないからである．

　ここで，1 個の 2s 軌道と 3 個の 2p 軌道を混ぜあわせて，そこから均一な 4 個の軌道を作り出す混成を考える．混成によって新たにできた軌道も原子軌道の一種であり，1 個の s 軌道と 3 個の p 軌道からできたことから，**$sp^3$ 混成軌**

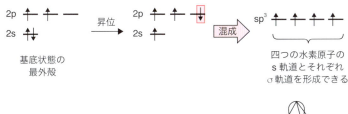

**図 5.7**　炭素原子における $sp^3$ 混成軌道の形成

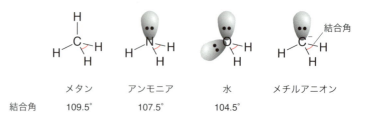

結合角　　　　109.5°　　　　　107.5°　　　　104.5°

メタン　　　　アンモニア　　　水　　　　メチルアニオン

**図 5.8**　中心原子が sp³ 混成軌道を形成している分子の例

**道**と呼ぶ．sp³ 混成軌道へ炭素原子の 4 個の最外殻電子を 1 個ずつ収容すれば，四つの水素原子と共有結合を形成できる（図 5.7）．四つの sp³ 混成軌道は原子の中心から均等になるように配置され，ローブの頂点を結ぶと正四面体になる軌道どうしの角度（結合角）はすべて 109.5° になり，メタンの立体構造が正四面体であることをを矛盾なく説明できる．

　炭素原子だけでなく，酸素原子，窒素原子なども sp³ 混成軌道を形成することができる．図 5.8 のように，アンモニアの窒素原子や水の酸素原子が sp³ 混成軌道を形成し，非共有電子対はその中の一つの混成軌道に収容されると考えると，分子の形（アンモニア：三角錐，水：折れ線）と，結合角を説明することができる．sp³ 混成軌道に収容された非共有電子対は核に引きつけられており，N–H 結合や O–H 結合の共有電子対と近くなるため反発し，結果的に ∠H-N-H や ∠H-O-H が小さくなるのである．

### 5.3.2　sp² 混成軌道と二重結合：平面上に広がる軌道

　エチレン（ethylene, エテン ethene）分子が平面構造であるという事実は **sp² 混成軌道**によって説明できる．1 個の 2s 軌道と 2 個の 2p 軌道が混成す

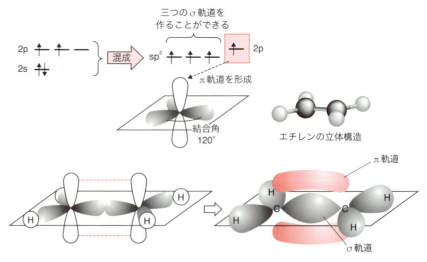

**図 5.9**　炭素原子における sp² 混成軌道と二重結合の成り立ち

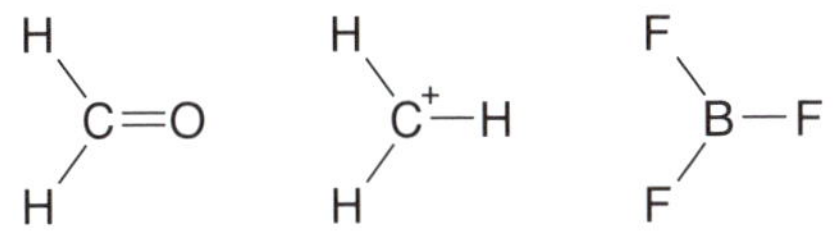

**図 5.10** 中心原子が $sp^2$ 混成軌道を形成している分子の例

ると，3個の均一な $sp^2$ 混成軌道が形成される．この3個の $sp^2$ 軌道は中心原子から均等に，すなわち軌道どうしの角度が $120°$ になる（図5.9）．このとき，一つの $2p$ 軌道が残り，$sp^2$ 混成軌道の平面に垂直に位置している．エチレンの二つの炭素原子はいずれも $sp^2$ 混成軌道であり，C=C 結合は $sp^2$ 混成軌道どうしの重なりで形成される σ 結合と，二つの $2p$ 軌道が側面どうしで相互作用して形成される π 結合の二つで構成される（図5.9）．

　ベンゼンが平面分子であるのも，6個の炭素原子がすべて $sp^2$ 混成軌道であることと矛盾しない．また，ホルムアルデヒド HCHO の C=O 結合も同様に考えることができる．酸素原子を $sp^2$ 混成であると考えると，一つの $sp^2$ 混成軌道は炭素との σ 結合の形成に，残り二つの $sp^2$ 混成軌道は2個の非共有電子対を収めるために利用できる．また，メチルカチオン $^+CH_3$ や三フッ化ホウ素（$BF_3$）の中心原子も $sp^2$ 混成軌道であり，平面三角形の分子に対して，残った空の p 軌道が直交している（図5.10）．

● **例題 5.1** ●
エチレン分子の構成原子について最外殻の原子軌道を示し，すべての σ 結合，π 結合の成り立ちについて書きなさい．
【解答例】H：$1s$ 軌道，C：$sp^2$ 混成軌道と p 軌道．

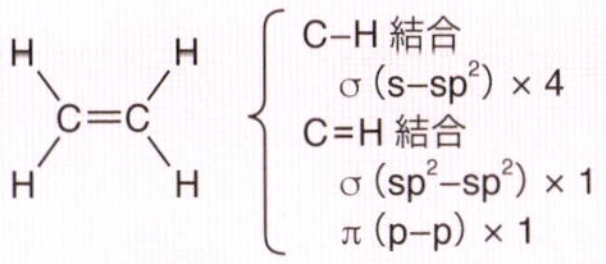

### 5.3.3　sp 混成軌道と三重結合：二つの π 結合

　炭素原子が2個の原子と結合するためには二つの均一な原子軌道があればよい．$2s$ 軌道と $2p$ 軌道から形成される2個の **sp 混成軌道**がそれに相当する．アセチレン（acetylene，エチン ethyne）が直線分子であるのは，2個の sp 混成軌道が最も離れるように位置して結合角が $180°$ になっているからである．残りの二つの $2p$ 軌道は結合相手の原子の二つの p 軌道とそれぞれが相互作用して，直交した2組の π 軌道を形成する．

　炭素以外に窒素原子も sp 混成軌道をとりうる．例の一つは，シアノ基（C≡N）であり，窒素原子の sp 混成軌道の一方には非共有電子対が収容されている．

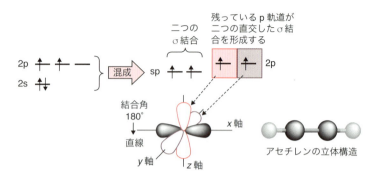

**図 5.11**　炭素原子における sp 混成軌道と三重結合の成り立ち

また，2族元素であるベリリウム（Be）も sp 混成軌道をとる．そのため，水素化ベリリウム（$BeH_2$）や塩化ベリリウム（$BeCl_2$）は直線分子になる（図 5.12）．このとき，混成に利用されていない2個の p 軌道は空のまま直交して存在している．

$$H \text{---} C \equiv N \qquad H \text{---} Be \text{---} H \qquad O \equiv C \equiv O$$

**図 5.12**　中心原子が sp 混成軌道を形成している分子の例

### 5.3.4　無機化合物で見られる混成軌道：d 軌道も混成する

$sp^3$，$sp^2$，sp 混成軌道の他に，第3周期以降の元素では混成軌道に d 軌道が含まれる場合がある．例えば，無機化合物の五塩化リン（$PCl_5$）の中心原子は $sp^3d$ 混成軌道であり，5方向へ結合が向くため，分子の形は三方両錐になる．また，六フッ化イオウ（$SF_6$）中心原子の混成軌道を $sp^3d^2$ と考えると，この分子の形（八面体）を説明できる（図 5.13）．

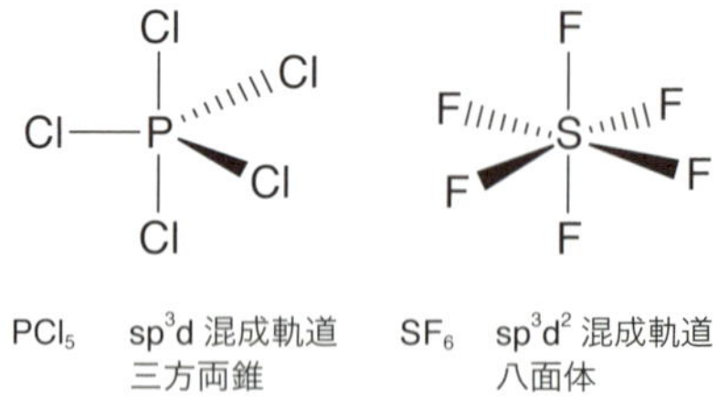

$PCl_5$　$sp^3d$ 混成軌道　三方両錐　　　$SF_6$　$sp^3d^2$ 混成軌道　八面体

**図 5.13**　d 軌道を含む混成軌道と分子の形

## 5.4　有機化合物の性質と混成軌道の関係

### 5.4.1　s 性と p 性：どちらの影響が大きいか

炭素，窒素，酸素などの第2周期元素に見られる混成軌道は，前節で説明した $sp^3$，$sp^2$，sp の3種である．これらの混成軌道を理解することは，分子

表 5.1 原子軌道の s 性，p 性と化合物の性質

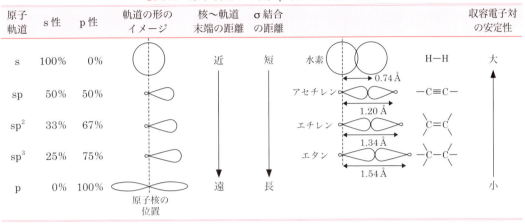

| 原子軌道 | s 性 | p 性 | 軌道の形のイメージ | 核〜軌道末端の距離 | σ結合の距離 | | | 収容電子対の安定性 |
|---|---|---|---|---|---|---|---|---|
| s | 100% | 0% | | 近 | 短 | 水素 | H—H | 大 |
| sp | 50% | 50% | | | | アセチレン 1.20 Å | —C≡C— | |
| sp² | 33% | 67% | | | | エチレン 1.34 Å | C=C | |
| sp³ | 25% | 75% | | | | エタン 1.54 Å | —C—C— | |
| p | 0% | 100% | 原子核の位置 | 遠 | 長 | | | 小 |

（水素 0.74 Å）

の形を予測するだけでなく，有機化合物の性質を考えるうえでも重要である．

　混成軌道の性質は，元になる s 軌道，p 軌道に由来している．s 軌道は球対称であり，s 軌道中の電子は比較的原子核に近く安定に存在する．一方，p 軌道には方向性があり，ローブは s 軌道よりも細長い．これらから形成される $sp^3$ 混成軌道は，$x, y, z$ 軸方向の p 軌道（$p_x, p_y, p_z$）が関与するため，できあがった混成軌道が立体的である．また，$sp^2$ 混成軌道では，$x, y$ のように 2 方向の p 軌道（$p_x, p_y$）しか関与せず，生成した軌道は平面上に配置する．sp 混成軌道は，三つの p 軌道のうち一つ（$p_x$）しか含まれていないので直線的になると考えることができる．

　軌道の s 性とは，できあがった混成軌道の中に占める s 軌道の割合である（表 5.1）．s 性が大きいほど，つまり p 性が小さいほど，軌道は球状に近くなり，原子核とローブの末端との距離は短くなる．逆に s 性が小さくなるほど，つまり p 性が大きいほど，軌道の形が細長くなり，原子核からの距離が長くなる．アセチレンの炭素–炭素間距離がエチレンやエタンよりも短いのは，丸みを帯びた sp 混成軌道どうしの相互作用によって σ 結合が形成されているからである（表 5.1）．

### 5.4.2 共役系をもつ分子：ベンゼンが正六角形である理由

　ベンゼンを構成する炭素原子の混成軌道を考えてみよう．6 個の炭素原子は，それぞれ 2 個の炭素原子と 1 個の水素原子と三つの σ 結合を形成するために $sp^2$ 混成軌道になっている．つまり，ベンゼンを構成している原子はすべて同一平面上に存在し，その平面に直交する形で炭素原子 1 個あたり 1 個ずつの p 軌道がある．これらの 6 個の p 軌道を二つずつ組み合わせて三つの二重結合を形成することが可能であるが，その組合せは図 5.14（a）のように二通りある．

　表 5.1 に示したように単結合と二重結合の結合距離は異なるので，図 5.14（a）のように単結合と二重結合が交互にあるのであれば，ベンゼンは正六角形

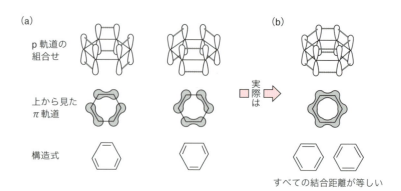

図 5.14 ベンゼンでの p 軌道の組合せと二通りの構造

▶ベンゼンの表し方
六角形の中央に円を描いてベン
ゼン環を表すことがあるのは，
二重結合が特定の位置に定まら
ないことを示している．

にはならない．しかし実際の分子の形はすべての結合距離が等しく，正六角形である（図 5.14 b）．これは，6 個の p 軌道から形成される π 軌道を 6 個の π 電子が自由に行き来できるからと考えれば説明がつく．これを電子の**非局在化**（delocalization）という．

次に，4 個の炭素原子と二つの二重結合をもつ 1,3-ブタジエンを考えてみよう（図 5.15）．この分子もすべての炭素原子が $sp^2$ 混成軌道であり，四つの p 軌道から形成される 2 対の π 軌道が同じ平面上に位置すると，π 電子はお互いに行き来して電子が非局在化する．一方，1,3-ブタジエンよりも炭素が一つ多い 1,4-ペンタジエンでは，中央の炭素が $sp^3$ 混成軌道となり，二つの二重結合はそれぞれ独立した状態と考えることができる．すなわち，電子は非局在化していない．

ベンゼンや 1,3-ブタジエンのように同一平面に p 軌道が連なり，単結合と二重結合が交互にある構造を共役系（conjugated system）と呼び，単独の二重結合よりも安定な状態であるだけでなく，反応性も異なる（図 5.15）．

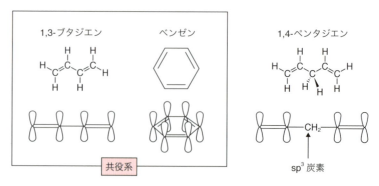

図 5.15 共役系をもつ分子
1,4-ペンタジエンには共役系がない．

## 5.5 共鳴の概念

　炭酸イオン $CO_3^{2-}$ の構造は図 5.16 のように 2 本の単結合と 1 本の二重結合で描くことができ，三つの酸素原子のうち，二つの酸素原子が負電荷をもつように思える．しかし，実際の構造では三つの C–O 間の距離は等しく，区別することができない．つまり，共役系と同様に π 電子や負電荷がすべての酸素原子に分散していると考えればよい．このような概念を共鳴 (resonance) と呼ぶ．共鳴にかかわる電子は π 電子または非共有電子対であり，隣りあった p 軌道を通って複数の原子間に非局在化している．

　炭酸イオンの場合は，構成元素 (C と O) がすべて $sp^2$ 混成軌道であり，一つの平面に四つの p 軌道が直交して存在し，1 対の π 電子と 2 対の非共有電子対，合計 6 個の電子が非局在化している．この状態を正確に一つの構造式としては表せないため，図 5.16 のような複数の構造からなる共鳴混成体であると考える．ここでいう一つ一つの構造を共鳴構造と呼び，共鳴構造の関係を両矢印 (↔) で結んで表す．

三つの共鳴構造で表すと…

実際はこれらのいずれでもない

p 軌道の様子

すべての原子が $sp^2$ 混成軌道をとる

**図 5.16** 炭酸イオンの共鳴構造

## 5.6 分子軌道による化学結合の理解

### 5.6.1 結合性軌道と反結合性軌道：分子を形成するほうが安定

　5.2 節で触れたように，共有結合は分子軌道に共有電子対が収容されることによって成り立っている．分子軌道は，原子軌道どうしの重なりによって新たに形成される σ 軌道や π 軌道であることもすでに説明した．複数の原子軌道が相互作用すると同数の分子軌道が生じる．たとえば，2 個の原子軌道からは 2 個の分子軌道が形成される．

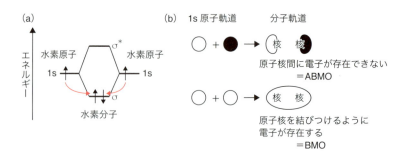

**図 5.17**　水素分子の分子軌道と BMO，ABMO
(a) それぞれの水素原子の 1s 軌道の電子が，水素分子の σ 軌道に収容される．

▶波動方程式の解の符号が同じとき，「位相が同じ」という．軌道のローブを図示するとき○と○または⊕と⊕は同じ位相，○と●または⊕と⊖は異なる位相である．

　第4章で説明したパウリの排他原理およびフントの規則は，基底状態の原子軌道だけでなく，分子軌道に電子を配置する場合にも適用される．たとえば水素分子 $H_2$ の分子軌道が二つの 1s 軌道から生じるとき，位相が同じ 1s どうしからなる分子軌道 σ と，異なる位相の 1s からなる分子軌道 σ*（シグマスターと呼ぶ）がある．このとき，前者のほうが安定でエネルギーが低いため，水素原子間で共有される 2 個の電子は，こちら（σ）に収容されることになる（図 5.17 a）．この軌道の形を見ると，電子対が二つの水素原子核をつなぐように原子間に存在している．これが共有結合の本質である．このことから，電子対が収容されたエネルギーの低い軌道を**結合性軌道**（bonding molecular orbital，BMO）と呼ぶ（図 5.17 b）．一方，エネルギーが高い分子軌道は，電子が存在できる領域（電子雲）が原子核間に存在せず，外側を向いている．すなわち，原子核間は電子が存在することができない節であり，**反結合性軌道**（antibonding molecular orbital，ABMO）と呼ばれる（図 5.17 b）．なお，結合性軌道に収容された電子は，外部からエネルギーを与えると，反結合性軌道に移る場合がある．反結合性軌道は有機化学反応が起こるために重要である．

### 5.6.2　HOMO と LUMO：ノーベル化学賞に結びついた理論

　π 結合に関しても同様の考え方ができる．エチレンでは合計二つの p 軌道から 2 種類の π 軌道（π，π*）が，1,3-ブタジエンでは四つの p 軌道から 4 種類の

### ● ヘリウムが単原子分子であるわけ ●

　ヘリウム（He）をはじめとする希ガスは，単原子で安定に存在しています．これは，最外殻の原子軌道に入る電子がすでに定員に達しているからと考えることができます．ヘリウムの場合，水素分子のように，二つの He 原子から分子軌道（σ と σ*）が形成されると，二つの分子軌道に合計 4 個の電子が収まらなければなりません．そうすると，元の原子軌道よりもエネルギーの高い σ* 軌道にも 2 個の電子が入ります．誰でも，元の状態よりも不安定になるのは気が進まないはずです．ヘリウムも同様で，わざわざ二つがくっついてエネルギー的に不安定な状態になるよりも，単原子で存在したほうがよいのです．

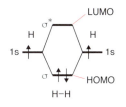

水素分子の σ 軌道

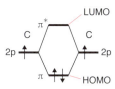

エチレン分子の σ 軌道

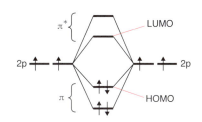

1,3-ブタジエンの共役した二つの π 軌道

$CH_2=CH-CH=CH_2$

**図 5.18** HOMO と LUMO

▶ p 軌道からの分子軌道の形成

σ軌道

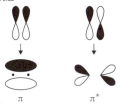

π軌道

位相が同じ軌道どうしが重なると BMO, 位相が異なる軌道どうしが重なると AMBO が形成される.

π 軌道が形成され, エネルギーの低い安定な分子軌道から順番に π 電子が収容されていく (図 5.18). このとき, 電子を収容している分子軌道の中で最もエネルギーの高い軌道を**最高被占軌道** (highest occupied molecular orbital, **HOMO**), 電子が存在しない空の分子軌道のうち最もエネルギーの低いものを**最低空軌道**(lowest unoccupied molecular orbital, **LUMO**)と呼ぶ(図 5.18). 水素分子の場合, 結合性軌道が HOMO であり, 反結合性軌道が LUMO になる.

第 7 章で学ぶように, 多くの化学反応は電子の移動によって起こり, 化学結合が切れたり, 新しく生成したりする. いい換えると, 化学反応は原子軌道や分子軌道に収まっている電子が他の軌道に移動する現象である. つまり, 化学反応の進みやすさを判断するためには電子が入っている軌道の状態を知ることが重要である.

*topic*

● 日本人初のノーベル化学賞 福井謙一博士 ●

日本の福井謙一博士は, 芳香族化合物の反応性がその分子の HOMO に存在する電子の状態で説明できることを 1952 年に発表しました. さらに, 1964 年には HOMO と LUMO, 両者の位相 (これを軌道の対称性といいます) を考えると, 有機化学反応を理論的に説明できることを明らかにしました. 福井博士によると, 反応に直接関係する電子が存在する HOMO と, HOMO に最もエネルギーが近く, 電子を受け入れる役割を果たす LUMO は, 反応の「最前線」であり, そこから HOMO と LUMO がフロンティア軌道と名づけられたのです.

HOMO と LUMO が化学反応の拠点になるというフロンティア軌道論によって, あらゆる反応を理論的に説明できるとされています. 福井博士は, 1981 年にこの理論を確立した業績によって, 日本人として初めてノーベル化学賞を受賞しました. このときの共同受賞者はアメリカのホフマン博士で, 彼もまたウッドワード-ホフマン則という有機化学反応に大切な法則を打ち立てた研究者です. 日本とアメリカで独立して行われた分子軌道に関する研究成果によって, その後, 有機化学反応の理解が飛躍的に進んだといってよいでしょう.

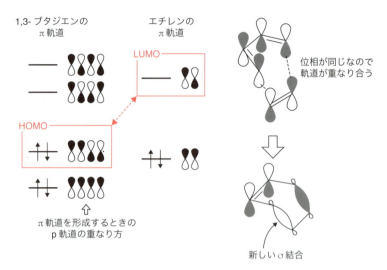

1,3-ブタジエンの
π軌道

エチレンの
π軌道

LUMO

HOMO

位相が同じなので
軌道が重なり合う

π軌道を形成するときの
p軌道の重なり方

新しいσ結合

**図 5.19**　HOMO と LUMO の概念を使った有機化学反応の説明

　複数の原子から構成される有機化合物の分子では，構成原子がもつ原子軌道から同じ数の分子軌道が形成されて，分子の形成に必要な共有結合が成り立っている．化学反応によって構造が変わるときには，共有結合の切断や生成が起こるが，このときに関与する電子は，最もエネルギーの高い HOMO に入っている電子である．さらに，電子が移動するためには受け皿になる軌道が必要であり，空の軌道のうち最もエネルギーの低い LUMO がその役割を担う．図5.18 に HOMO と LUMO を示したエチレンと 1,3-ブタジエンの反応を考えてみよう．これらの二つの分子が結合すると一つの環状分子ができる（図5.19）．このときの反応の主役になるのは HOMO と LUMO というフロンティア軌道と，そこに収まっている電子（フロンティア電子）である．

　元素の性質は，各原子の最外殻電子によって決まることを第4章で学んだ．分子の場合は，フロンティア軌道にある電子が，反応のしやすさなどに関係する．HOMO ／ LUMO の概念は，さまざまな化学反応を考えるうえで重要である．

## 確 認 問 題

1. 次の化合物を構成する原子について最外殻の原子軌道を示し，σ結合，π結合の成り立ちを構造式中に書き入れなさい．
    (1) エタノール（$CH_3CH_2OH$）　　　(2) アセトアルデヒド（$CH_3CHO$）
    (3) アセトニトリル（$CH_3CN$）　　　(4) エチルアミン（$CH_3CH_2NH_2$）
    (5) ベンゼン（$C_6H_6$）　　　　　　　(6) ベンズアルデヒド（$C_6H_5CHO$）

2. アンモニアの∠H-N-H の角度よりも，水の∠H-O-H の角度のほうが小さい理由を混成軌道の概念を使って説明しなさい．

3. エチルアミンとアセトニトリルの窒素原子の非共有電子対は，どのような軌道に収容され，原子核からの距離はどちらが近いかを説明しなさい．

4. 次のうち，共役系をもつ化合物はどれか．

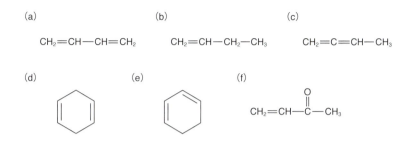

(a)

$CH_2=CH—CH=CH_2$

(b)

$CH_2=CH—CH_2—CH_3$

(c)

$CH_2=C=CH—CH_3$

(d)

(e)

(f)

$CH_2=CH—\overset{\overset{\textstyle O}{\|}}{C}—CH_3$

5. ベンゼン分子では，6個の炭素原子のp軌道から図のような6個のπ軌道が形成されている．電子配置のルールに従って，これらの軌道に6個のπ電子を配置しなさい．シクロブタジエン分子についても，同様に4個のπ電子を配置しなさい．

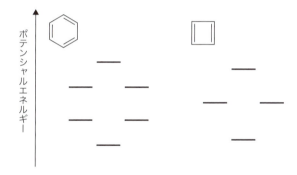

ポテンシャルエネルギー

# 6章

# 分子間相互作用

## この章で学ぶこと

◆ 異なる原子間で共有されている電子の分布には，電気陰性度の差に応じて偏り（結合の分極）が生じている．

◆ 結合が分極していると，分子間に相互作用が生じる．

◆ 中性分子であっても，電子の動きや周囲の静電的な環境に影響されて，瞬間的な分極が起こる．

◆ 分子全体の極性を調べると，その分子の立体的な形を予測できる．

◆ 分子間相互作用は，沸点，融点など分子の物理的性質に大きく影響する．

◆ 分子間相互作用は，生体内高分子の構造や機能に重要である．

● キーワード ●

極性，分極，双極子モーメント，静電的相互作用，ファンデルワールス力，分散力，水素結合，疎水性相互作用

## 6.1 電気陰性度と極性

### 6.1.1 結合の極性：電子の偏りが極性を生み出す

電気陰性度が異なる二つの原子が共有結合すると，電気陰性度の大きい原子のほうへ共有電子対が引き寄せられ，その結果として原子間の電子分布に偏りが生じる（図 6.1）．たとえば塩化水素（HCl）では，塩素原子の電子密度が大きくなり，塩素原子がやや負の電荷（部分的負電荷）を帯びる．反対に水素原子は電子不足となり，部分的正電荷を帯びる（図 6.1）．このような状態を $H^{\delta+} \rightarrow Cl^{\delta-}$ のように表し「結合に極性がある」，「結合が分極した」と表現する（図 6.2）．

結合の分極は二重結合でも同様で，カルボニル基 C=O の場合は酸素原子に電子が偏り，炭素原子が部分的正電荷を帯びている（図 6.2）．カルボニル基をもつアルデヒドやケトンがさまざまな反応を起こすのは，この結合の分極が原因である．

2 原子間の結合の極性は電気陰性度の差によって変化し，一方の原子に完全

電子分布の偏り

H・H　なし

$H^{\delta+}$ :$Cl^{\delta-}$　あり

**図 6.1** 共有結合した原子間の電子分布のイメージ

▶カルボニル基

＞C=O

アルデヒドとケトンを合わせてカルボニル化合物と呼ぶ．

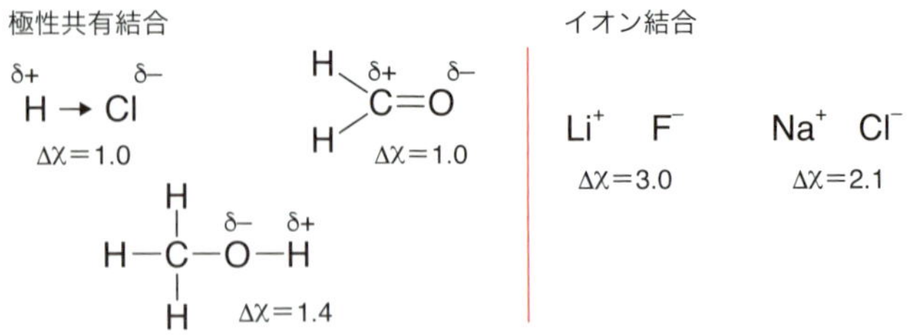

極性共有結合         イオン結合

$$\overset{\delta+}{H} \rightarrow \overset{\delta-}{Cl} \qquad \overset{H}{\underset{H}{}}C=\overset{\delta+ \quad \delta-}{O}$$

$\Delta\chi = 1.0$      $\Delta\chi = 1.0$

$$H-\underset{H}{\overset{H}{C}}-\overset{\delta- \quad \delta+}{O-H}$$

$\Delta\chi = 1.4$

Li$^+$   F$^-$    Na$^+$   Cl$^-$

$\Delta\chi = 3.0$     $\Delta\chi = 2.1$

**図 6.2** さまざまな結合の極性とイオン結合性

に電子が偏った状態がイオン結合とみなすことができる. 同じ種類の原子どうしでない限り, 完全な共有結合というものはなく, 一般に, $\Delta\chi$ が 0.5 よりも小さいと極性のない共有結合, $\Delta\chi$ が 0.5 以上 2.0 未満のときは極性共有結合 (polar covalent bond) と考えられている (図 6.2). たとえば H と Cl の電気陰性度の差 $\Delta\chi$ は, 3.2 − 2.2 = 1.0 なので, H–Cl は極性共有結合である. さらに, 図 6.2 の Na と Cl の組合せや Li と F の組合せのように, 電気陰性度の差が 2.0 以上になると, 共有結合性がほとんどなくなり, ほぼイオン結合性になる.

### 6.1.2　双極子モーメントと分子の極性：結合の極性と分子の極性を区別しよう

2 原子間に生じた部分的電荷 ($\delta-$, $\delta+$) の対を**双極子** (dipole) という. 双極子には, 結合に関与する原子間の電気陰性度の差に起因する永久双極子と, 電子の運動によって瞬間的に分子内の電荷分布が偏って生じる瞬間双極子, さらに周囲の環境によって電荷の偏りが生じる誘起双極子がある. 瞬間双極子は周囲に電荷の偏りを誘起し, 誘起双極子の原因となる (図 6.3). なお, 単に双極子というときは永久双極子を指すことが多い.

それぞれの原子がもつ電荷を $+q$, $-q$ としたとき, **双極子モーメント** (dipole moment) $\mu = ql$ ($l$：電荷をもつ粒子間の距離) が定義される. $\mu$ は電荷の大

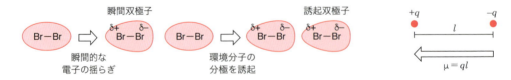

瞬間双極子       誘起双極子

Br—Br ⇒ $\overset{\delta+}{Br}—\overset{\delta-}{Br}$   Br—Br ⇒ $\overset{\delta+}{Br}—\overset{\delta-}{Br}$ $\overset{\delta+}{Br}—\overset{\delta-}{Br}$

瞬間的な     環境分子の
電子の揺らぎ    分極を誘起

**図 6.3**　無極性分子からの誘起双極子の発生

$+q$      $-q$

$\mu = ql$

**図 6.4**　双極子モーメント

---

## ● デバイは非 SI 単位 ●

*topic*

双極子モーメントの単位として, D (デバイ) がよく使われます. しかし, これは非 SI 単位です. 1 D を SI 単位で表すと, $3.33564 \times 10^{-30}$ Cm (C：クーロン) という非常に小さな値となります. 多くの場合, 双極子モーメントは 1 D 前後となるので, わかりやすい単位としてよく使われています.

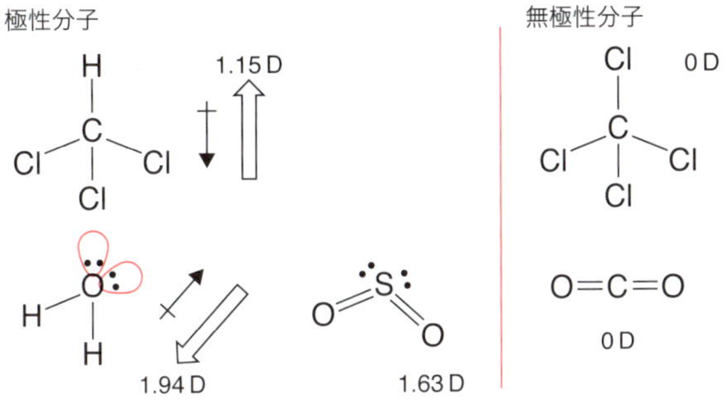

図 6.5 分子全体の双極子モーメントと極性分子の形

▶極性分子を示す矢印
←→ という矢印は，電子密度の偏りで極性を表したもので，電子の動きをイメージしやすい．有機化学反応を考えるときの電子の動きと一致することから，有機化学の分野でよく使われる．

きさと負から正への方向をもつベクトル量であり（図 6.4），単位は D（デバイ）である．

　分子中に分極した共有結合があるとき，それぞれの結合の双極子モーメントのベクトル和から，分子全体の極性を考えることができる．たとえば，トリクロロメタン $CHCl_3$ と四塩化炭素 $CCl_4$ の双極子モーメントを実測すると，それぞれ 1.15 D，0 D である（図 6.5）．これが，トリクロロメタンは極性分子，四塩化炭素は無極性分子である理由である．

　分子全体の双極子モーメントがわかれば，そのベクトルを分解することによって，結合間の角度，すなわち分子の立体的な形を予測することが可能になる．たとえば水の双極子モーメントが 1.85 D である事実から，水分子の H-O-H が直線ではなく，折れ曲がった形になっていることがわかる．一方，二酸化炭素の双極子モーメントは 0 D であり，$CO_2$ が直線分子であることを推定できる．二酸化硫黄は双極子モーメントが 1.63 D なので，折れ曲がった形をしているとわかる（図 6.5）．

## 6.2 分子間相互作用

　**分子間相互作用**（molecular interaction）とは，異なる分子どうしが引きあったり，反発したりする現象のことであり，表 6.1 に示したようにさまざまな種類がある．物質によって融点や沸点，水への溶解性などが異なる原因は，分子間相互作用の違いである．分子間相互作用は，核酸やタンパク質などの生体高分子の立体構造や酵素の基質特異性などにも大きくかかわるため，これを理解することが重要である．その作用のもとになるのは，電荷どうしまたは部分的電荷どうしのクーロン力である．

### 6.2.1 静電的相互作用：イオンがかかわる力

　**静電的相互作用**（electrostatic force）はイオンや双極子の電荷によるものであり，イオン-イオン相互作用であるイオン結合がその代表である．カルボン酸，アミン類，アミノ酸など水溶液中で電離して分子中に電荷をもつ物質では，

**表 6.1** さまざまな分子間相互作用

| 種　類 | 相互作用の強さ（ポテンシャルエネルギーの大きさ） |
| --- | --- |
| **静電的相互作用** | |
| 　イオン–イオン相互作用 | 強い（40 〜 400 kJ/mol） |
| 　イオン–双極子相互作用 | やや強い（5 〜 60 kJ/mol） |
| 　イオン–誘起双極子相互作用 | 非常に弱い（0.4 〜 4 kJ/mol） |
| **ファンデルワールス相互作用** | |
| 　双極子–双極子相互作用（配向力，Keesom 力） | 弱い（0.5 〜 15 kJ/mol） |
| 　双極子–誘起双極子相互作用（誘起力，Debye 力） | 非常に弱い（0.4 〜 4 kJ/mol） |
| 　分散力（London 力） | 弱い（4 〜 40 kJ/mol） |

このほか，電荷移動相互作用やπ-π スタッキングと呼ばれる分子間相互作用がある．

イオン化している置換基（–COO⁻，–NH₃⁺）が静電的相互作用にかかわっている．また，イオン–双極子相互作用は，ナトリウムイオンの水和などのように，イオンの電荷と部分的電荷の間にクーロン力が働いて生じる．

▶クーロン力＝静電的引力

🧍ファンデルワールス
（J. D. van der Waals）
1837-1923，オランダの物理学者．1910 年ノーベル物理学賞受賞．液体と気体が連続した状態であるとして分子間力や分子の体積を考えに入れた状態方程式を提示した．

### 6.2.2　ファンデルワールス相互作用：無極性分子にも相互作用がある

電荷のない中性分子または原子間に働く引力・反発力を総称して**ファンデルワールス相互作用**と呼び，このうち特に引力のことを**ファンデルワールス力**（van der Waals' force）と呼ぶ．

ファンデルワールス相互作用のポテンシャルエネルギーは共有結合やイオン結合に比べるとはるかに弱い（約 6000 分の 1）が（表 6.1），無極性分子の物理的性質に影響する他，医薬品と受容体との結合などにも重要な役割を果たしている．双極子–双極子相互作用，双極子–誘起双極子相互作用，分散力などはファンデルワールス相互作用の一つである．

飽和炭化水素などの無極性分子では，図 6.3 で示したように誘起双極子が生じ，分子間で誘起双極子どうしの相互作用が生じる．この相互作用を**分散力**（London 力）と呼び，無極性分子におけるファンデルワールス相互作用のほとんどを占める．分散力のポテンシャルエネルギーは粒子間距離の 6 乗に反比例するため，粒子どうしが離れるとエネルギーが極端に小さくなる．これはそれだけ弱い相互作用であり，遠くまで届きにくいことを示している．

分子または原子の大きさや表面積が大きくなると，電子が揺らぐ確率が大きくなるため，結果として分散力が強くなり，無視できなくなる．たとえば，フッ素分子が気体であるのに対しヨウ素分子が固体であるのは，分散力によってヨウ素分子どうしが強く引きあっているためである．またメタン，エタンなどのアルカンが気体であるのに対して，ペンタン，ヘキサンは液体，炭素数 17 以上の炭化水素は固体であるのも同様の理由である．さらに表 6.2 に示したように，同じ分子量をもつ直鎖アルカンよりも分枝アルカンのほうが沸点が低い．同じ炭素数でも枝分かれしたほうが分子間の接触面積が小さくなり（図 6.6），したがって分散力も小さくなる．このため少ないエネルギーで分子がばらばら

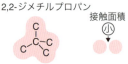

ペンタン

接触面積（大）

2-メチルブタン

2,2-ジメチルプロパン

接触面積（小）

**図 6.6**　分子の表面積の違い

**表 6.2**　アルカンの分子量，構造と沸点の関係

| アルカン | 組成式(分子量) | 構　造 | 沸点 |
|---|---|---|---|
| プロパン | $C_3H_8$ (44) | $CH_3CH_2CH_3$ | $-42\,°C$ |
| ブタン | $C_4H_{10}$ (58) | $CH_3CH_2CH_2CH_3$ | $-0.5\,°C$ |
| ペンタン | $C_5H_{12}$ (72) | $CH_3CH_2CH_2CH_2CH_3$ | $36\,°C$ |
| 2-メチルブタン | $C_5H_{12}$ (72) | $\begin{array}{c} CH_3 \\ \vert \\ CH_3CHCH_2CH_3 \end{array}$ | $28\,°C$ |
| 2,2-ジメチルプロパン | $C_5H_{12}$ (72) | $\begin{array}{c} CH_3 \\ \vert \\ CH_3CHCH_3 \\ \vert \\ CH_3 \end{array}$ | $9.5\,°C$ |

になりやすく，液体から気体へ変化することができるのである.

## 6.3　水素結合

　電気陰性度が大きい第 2 周期 15 ～ 17 族の原子(N，O，F など)が水素原子と結合すると，結合は分極し，電気陰性度が大きい原子が部分的負電荷，水素原子が部分的正電荷を帯びる(図 6.2). **水素結合**(hydrogen bond)とは，部分的正電荷をもつ水素原子 ($H^{δ+}$) と，電気陰性度の大きい原子の非共有電子対の間の静電的相互作用のことである. 電気陰性度が大きな原子ほど，結合の分極も大きくなるため，強い水素結合を形成する. 分子間相互作用であるのに「結合」と呼ばれるのは，2 原子間の距離が共有結合の距離とほぼ同じであり，また方向性をもつという特徴からである. 直接結合しているのではないので注意しよう.

### 6.3.1　水分子の水素結合：氷が水に浮く理由

　水分子がもつさまざまな特徴は，水素結合によって説明できる. たとえば固体状態の水分子 (氷) では，水素結合によって規則正しく原子が配列しており，結晶格子中の隙間が非常に大きい(図 6.7 左). しかし氷が融解して液体となると，水素結合の一部が切れ，水分子が隙間に入り込むため，ギュッと詰まった状態になる. このため,液体状態の水は氷よりも密度が高くなり，氷は水に浮く.

### ● コップと水 ●

　コップに水を汲んで氷を入れたとき，氷が浮くことに疑問を生じたことはありませんか？ よく考えると，固体のほうが液体よりも密度が低いのは不思議な気がします. 実際，ほとんどの物質は液体よりも固体の密度のほうが高いです.

　水が例外である理由は，水素結合の存在です. 氷水が入ったコップにあふれるギリギリまで水を注ぎ，氷が溶けるのを待ってみましょう. 固体から密度の高い液体への状態変化なので，水はあふれません. 水素結合の影響を実際に目で確認してみてください.

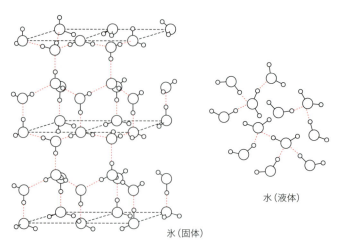

水（液体）

氷（固体）

**図 6.7**　水分子における水素結合の形成

　液体の水は，分子間に多くの水素結合が形成されたままなので，気体（水蒸気）となるためには，これらの水素結合を切ってばらばらにしなければならない（図6.7右）．このため水は，分子量18であるにもかかわらず，同程度の分子量であるメタン（分子量16，沸点−164℃）よりも液体から固体へ変化するために多くのエネルギーが必要になり，はるかに高い沸点（100℃）を示す．

▶融点；melting point（mp）

▶沸点；boiling point（bp）

### 6.3.2　水素結合と融点，沸点

　水素結合は，水以外のさまざまな分子でも融点や沸点に影響を及ぼす．たとえば，フッ化水素分子間の水素結合は非常に強く，分子量の大きな他のハロゲン化水素よりも融点や沸点が著しく高い（図6.8，6.9）．また，水に類似したアルコールやカルボン酸なども水素結合する．特に，酢酸は図6.8のように二量体を形成するため，ほぼ同じ分子量であるブタンよりも沸点が高い（118℃）．

　この他に，第14〜16族の元素の水素化物の融点，沸点の関係もグラフで表してみると，水素結合が及ぼす影響は明らかである（図6.9）．水素結合がなければ，これらの物理的性質はファンデルワールス力によって決まるため，第3周期以降の元素の水素化物では分子量に比例して融点や沸点が高くなっている．しかし，水とアンモニアは同族系列とは明らかに異なる挙動を示していることがわかる．このような水素結合の影響が大きいのはフッ化水素を含めてすべて第二周期元素である．

▶フッ化水素
フッ化水素はフッ素原子の電気陰性度が高く，強い水素結合が気体状態においても一部維持されたままである．

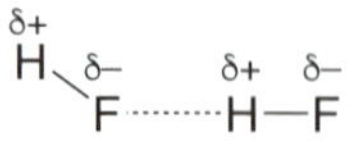

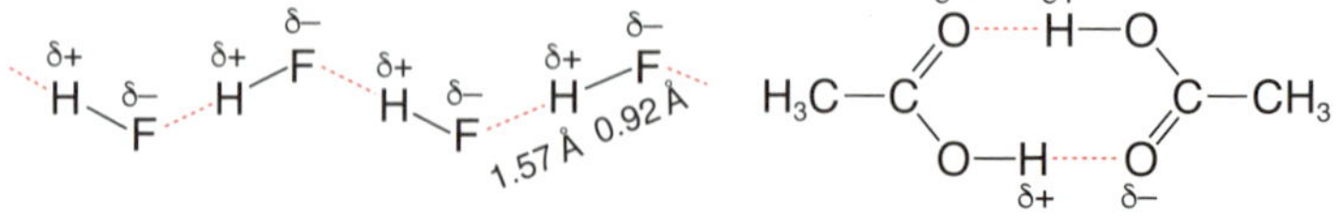

**図 6.8**　水素結合による分子会合

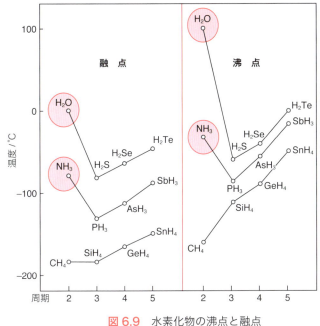

| ハロゲン化水素の融点と沸点 | | |
|---|---|---|
| | 融点 | 沸点 |
| HF | −83.6 ℃ | 19.5 ℃ |
| HCl | −114.2 ℃ | −85.1 ℃ |
| HBr | −86.9 ℃ | −66.8 ℃ |
| HI | −50.8 ℃ | −35.1 ℃ |

**図 6.9** 水素化物の沸点と融点

## 6.4 疎水性相互作用

　水分子は，常に動きながら水素結合の相手を組み替えている．水溶液中に疎水性分子があると，水分子の水素結合形成にとっては邪魔なので，疎水性分子の無極性部分がファンデルワールス力によって会合する．それによって，邪魔される水分子の数は小さくなり，系全体が安定化する（図 6.10）．この現象を**疎水性相互作用**（hydrophobic interaction）と呼ぶ．これはあくまでも見かけの相互作用であり，疎水結合という結合があるわけではない．たとえば界面活性剤分子のミセル形成では，親水性部分が疎水性部分を追い出して水と接触しようとする力が働き，結果的に親水性部分に囲まれた内側で疎水性部分がファンデルワールス力によって安定化する（左図）．

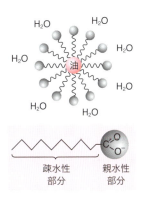

疎水性部分　　親水性部分

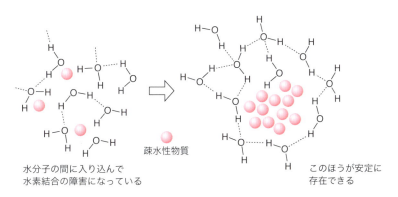

水分子の間に入り込んで水素結合の障害になっている　　疎水性物質　　このほうが安定に存在できる

**図 6.10** 疎水性相互作用の模式図

## *topic* ● 水素結合は分子内でも形成される ●

　同じ分子内でも水素結合が形成されることがあります．たとえば，*o*-ニトロフェノールでは，図のように水素結合を形成しています．一方で，*p*-ニトロフェノールの二つの置換基は分子内水素結合が可能な位置関係にありません．*p*-ニトロフェノールのほうが*o*-ニトロフェノールよりも融点が高いのは，この分子内水素結合のせいなのです．また，*o*-ニトロフェノールでは，分子の中で水素結合を形成しているので，外部に H⁺ を放出しにくく，同じフェノール類でも酸性

度がやや低くなっています．

*o*-ニトロフェノール
（分子内水素結合）
融点 45 ℃

*p*-ニトロフェノール
（分子間水素結合）
融点 114 ℃

## 6.5　生命における分子間相互作用の重要性

### 6.5.1　生体内高分子化合物の構造と機能へのかかわり：遺伝にも関与

　本章で説明した分子間相互作用は，生体内の高分子化合物の立体構造の維持，遺伝情報の伝達，酵素と基質との相互作用の理解に欠かせない．たとえば，DNA がもつ遺伝情報が正確に次世代へ伝わるのは，DNA の塩基が決まった相手と水素結合で塩基対を形成しているからであり（図6.11），また DNA の情報が RNA へ転写（transcription）されるときには，二重らせんがほどけて一方の DNA 鎖上の塩基に合わせて決まった RNA 塩基が水素結合を形成して mRNA が合成される（第 1 章図1.1を参照）．さらに，mRNA の情報がタンパク質のアミノ酸情報に翻訳されるときに，mRNA のコドンを形成する三つ

▶コドン（codon）
mRNA の塩基 3 文字の組合せ．20 種類のアミノ酸と，ペプチド鎖の合成開始，終了を意味している．

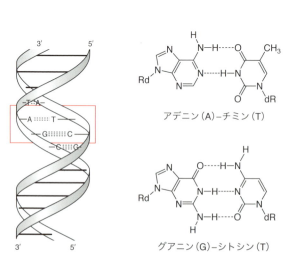

アデニン（A）−チミン（T）

グアニン（G）−シトシン（T）

図6.11　DNA の二重らせんと，2 種類の塩基対
AT 塩基対では 2 本，GC 塩基対では 3 本の水素結合が形成される．

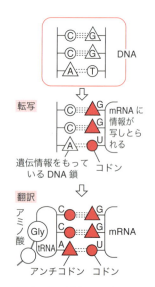

図6.12　遺伝子の転写と翻訳

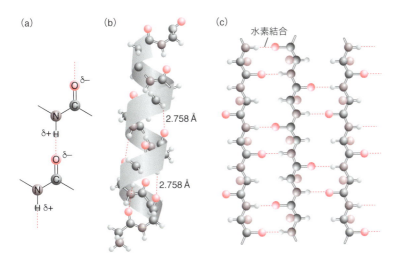

図6.13 　タンパク質の(a)水素結合，(b) αヘリックスと(c) βシート

の塩基の組合せにちょうど合うアンチコドンをもつ tRNA がアミノ酸をかか
えて水素結合し，ペプチド鎖が合成されていく（図6.12）．
　タンパク質分子中では，ペプチド結合の窒素原子に結合した水素原子とカル
ボニル酸素との間に水素結合が形成される（図6.13 a）．このとき一つのアミ
ノ酸のカルボニル酸素と四つ先のアミノ酸の窒素に結合した水素原子が水素結
合を形成し，それが4個以上繰り返されるとαヘリックスになる（図6.13 b）．
βシートは，平行に位置するペプチド鎖間の水素結合によってできている（図
6.13 c）．水溶液中では疎水性相互作用によって疎水性アミノ酸残基どうしが
タンパク質分子の内側に集まり，全体としてコンパクトな立体構造を作り出し
ている．このほか，分子間相互作用が関与しているのは，細胞膜の脂質二重膜
モデルである．膜の表面（内側と外側）に親水性部分があり，疎水性の脂肪酸部
分が疎水性相互作用によって安定化している．

▶アンチコドン（anticodon）
tRNA 中に存在する塩基3文
字の組合せで，その違いにより，
異なるアミノ酸が tRNA の末
端に結合する．つまり，それだ
け異なる種類の tRNA がある．

▶生体膜の構成分子：
スフィンゴリン脂質

$CH_3(CH_2)_{12}CH=CH-CHOH$
$CH_3(CH_2)_{14}-C-N-CH$

疎水性　　　　　親水性

## ● アミノ酸配列の変化と疾患 ●

　何らかの原因で DNA の塩基配列が変化してしまい，
結果として，運悪く違うアミノ酸配列に変化してしま
うことがあります．たとえば，ヘモグロビンタンパク
質中のグルタミン酸1個がバリンへ変化すると，電
荷をもつ酸性アミノ酸から疎水性アミノ酸へ変化する
ことになります．こうなると疎水性相互作用によって
ヘモグロビンが凝集しやすくなり，重い貧血を起こす

ようになってしまいます．この異常なヘモグロビンを
含む赤血球が鎌状の姿をしていることから，この疾患
を鎌状赤血球症と呼んでいます．タンパク質中のアミ
ノ酸の変化が，そのタンパク質の機能を大きく変えて
しまい，疾患の原因になる例がたくさん報告されてい
ます．

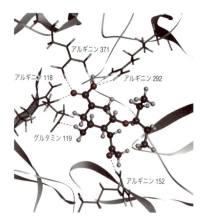

**図 6.14**　酵素の活性ポケットに入った医薬品分子の様子

抗インフルエンザ薬オセルタミビルがインフルエンザウイルス H1N1 のノイラ
ミニダーゼと水素結合している（PDB ID 3ti6）.

### 6.5.2　タンパク質の機能への影響：医薬品にもかかわっている

　タンパク質中には，6.5.1 項で説明した疎水性相互作用に加えて，チロシン，
ヒスチジン，アルギニンなどの極性アミノ酸による水素結合やシステインどう
しが共有結合したジスルフィド結合などがあり，これらによってタンパク質の
立体構造が維持されている．さらに酸性アミノ酸，塩基性アミノ酸は生理的条
件下で電荷をもつため，タンパク質表面に存在する場合はクーロン力によって
他の分子と相互作用する．このようにアミノ酸の組成はタンパク質の立体構造
を決めるために重要であり，アミノ酸が一つ変わっただけでタンパク質の立体
構造が変化し，本来の機能を果たせなくなり，疾患の原因となることがある.

　生体内の酵素や情報伝達分子の活性中心では，水素結合やファンデルワール
ス力などによって基質分子とタンパク質が相互作用している．このような分
子間相互作用は，医薬品の生体内での代謝や作用発現にとても大切である（図
6.14）．基質は低分子だけでなく，抗原抗体反応のようにタンパク質である場
合もあり，タンパク質の構造が変化すると医薬品との相互作用も変化し，結果
として医薬品としての作用が弱くなったり，効かなくなったりすることもある.
逆に，より強い相互作用を期待して立体構造をシミュレーションし，新しい医
薬品分子をデザインするという研究も行われている．このように，生体内高分
子の構造や機能を考えるうえでも，分子間相互作用は重要である.

▶タンパク質の三次構造
あるアミノ酸配列（一次構造）を
もち，αヘリックスやβシート
などの二次構造を作っているタ
ンパク質分子どうしが相互作用
して形成している特徴的な立体
構造.

## 確 認 問 題

1. HF，HCl，HBr，HI について，結合の分極の大きい順に並べ，理由を説
　明しなさい.
2. 次の分子・イオンの双極子モーメントを予想し，極性の物質と非極性の物
　質に分類しなさい.

(1) ジクロロメタン $CH_2Cl_2$ 　　　(2) 二酸化炭素 $CO_2$

(3) ホルムアルデヒド $HCHO$ 　　(4) アンモニウムイオン $NH_4^+$

(5) 二硫化炭素 $SO_2$ 　　　　　　(6) クロロベンゼン $C_6H_5Cl$

**3.** 25 ℃，大気圧において，メタン $CH_4$ は気体，ヘキサン $C_6H_{14}$ は液体，イコサン $C_{20}H_{42}$ は固体である．この理由を分子間相互作用から考えて説明しなさい．

**4.** 次の記述について(　)内に正誤を記し，理由を説明しなさい．

(1) $CH_3CH_2OH$ は，異性体の $CH_3OCH_3$ よりも沸点が低い．　　　　(　　)

(2) $CH_3(CH_2)_3CH_3$ は，異性体の$(CH_3)_4C$ よりも沸点が高い．　　　(　　)

(3) $o$-ニトロフェノールは，$p$-ニトロフェノールよりも融点が高い．(　　)

(4) $H_2S$ は $H_2O$ よりも沸点が高い．　　　　　　　　　　　　(　　)

(5) $HF$ は $H_2O$ よりも沸点が高い．　　　　　　　　　　　　(　　)

**5.** グルコースなどの糖質が水に溶ける理由を説明しなさい．

**6.** アセトンは水に溶けるが，ジエチルエーテルは水に溶けない．この理由を説明しなさい．

# 7章 化学反応の基礎

## この章で学ぶこと

◆ 分子は，さまざまな種類のエネルギーをもつ．

◆ 化学反応は，エネルギーが低くなる方に向かって進みやすい．

◆ 化学反応が進むためには活性化エネルギーの山を越える必要がある．

◆ 化学反応の速さは，活性化エネルギーの大きさ，反応物の濃度，温度に影響を受ける．

◆ 多くの化学反応は電子の移動で起こり，化学結合の切断や生成が伴う．

● **キーワード** ●

基質，試薬，エネルギー図，活性化エネルギー，遷移状態，中間体，電子の動きを示す矢印，ルイス酸塩基

## 7.1 反応の基本的な考え方

これまで学んできた化学反応には，塩酸と水酸化ナトリウムの中和反応，金属の酸化反応，ベンゼンのニトロ化反応などがある．これらの反応はどのように異なるのだろう．本節では，化学反応の仕組み（反応機構，reaction mechanism）を理解するために必要な基本事項を確認する．

### 7.1.1 基質と試薬：どっちがどっち？

化学反応には**基質**（substrate）と**試薬**（reagent）が登場する．基質とは，着目している反応で主役になる分子であり，絶対的な定義があるのではない．ニトロベンゼン（$C_6H_5$-$NO_2$）の合成を考えてみよう．「原料のベンゼン（$C_6H_6$）を硫酸酸性中で硝酸（$HNO_3$）と反応させ，ニトロベンゼンを合成する」という文章は，「基質のベンゼンに求電子試薬を反応させてニトロベンゼンを得る」といい換えることができる．この例の場合は，ベンゼンの水素原子がニトロ基に置換される反応であるから，ベンゼンが基質になり，硝酸から発生したニトロニウムイオン（$NO_2^+$）が試薬になる．この試薬は電子が不足している，つまり求電子的な性質をもつので，ベンゼンのニトロ化反応は，芳香族求電子置換反応

▶求電子試薬
求電子体（electrophile），親電子体ともいう．逆に自身が電子豊富で，電子不足のところを好むのが求核体（nucleophile）であり，そのような性質をもつ試薬が求核試薬と呼ばれる．

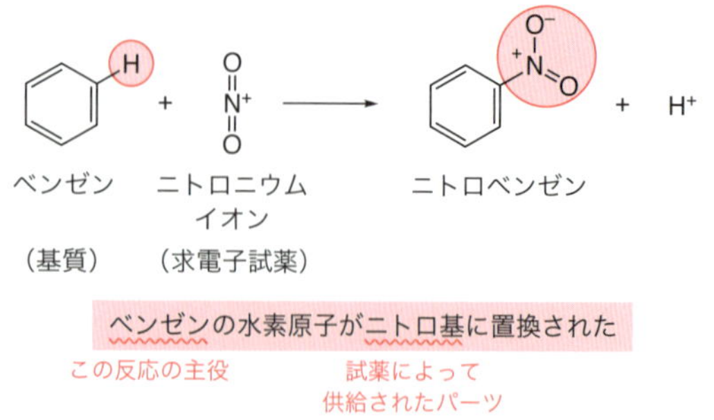

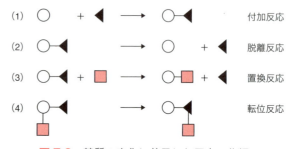

ベンゼン　ニトロニウム　　　　　ニトロベンゼン
　　　　　イオン

（基質）　　（求電子試薬）

ベンゼンの水素原子がニトロ基に置換された

この反応の主役　　　　　　試薬によって
　　　　　　　　　　　　供給されたパーツ

**図 7.1**　ベンゼンのニトロ化反応で考える基質と試薬

に分類される．このように，反応機構を考えるときには，基質や試薬の性質を
理解することが大切である．

### 7.1.2　化学反応の種類：基質がどう変化するか

　化学反応とは，ある物質の構成元素や結合様式が変わって，性質が異なる別
の物質が生じる現象である．このとき，基質の構造がどう変わるかに着目して
みると，図 7.2 のような種類に分けることができる．たとえば，基質と試薬の
性質から考える場合，試薬に酸化剤を用いれば酸化反応，還元剤を用いれば還
元反応と分類する（酸化還元反応については第 9 章で学ぶ）．

(1) ○　　＋　◀　　⟶　　○◀　　　　　付加反応

(2) ○◀　　　　　⟶　　○　＋　◀　　　脱離反応

(3) ○◀　＋　■　⟶　○■　＋　◀　　　置換反応

(4) ○◀　　　　　⟶　　○◀　　　　　　転位反応
　　■　　　　　　　　　　■

**図 7.2**　基質の変化に着目した反応の分類

　このほかに，試薬の特徴，反応熱の出入りなど，何に注目するかによって反
応の分類が変わってくる．**付加反応**（addition reaction）は二重結合，三重結
合をもつ基質に試薬が付加する反応であり，**脱離反応**（elimination reaction）
は基質から分子が脱離して多重結合が生成する反応である．また，**置換反応**
（substitution reaction）では基質の一部の置換基が異なる官能基に置き換わ
り，**転位反応**（rearrangement reaction）では分子内の原子の結合順序が変化
する．

　さまざまな化学反応は，これらが単独あるいは複数組み合わさって起こって
いる．

## 7.2 化学反応とエネルギー

### 7.2.1 物質がもつエネルギー

あらゆる物質にはエネルギーが蓄えられている．これまでに学んできたエネルギーには，位置エネルギー，運動エネルギー，熱エネルギーなどがあるが，ここで扱うエネルギーは化学物質そのものに由来する化学エネルギーである．

化学エネルギーについて，水分子を例にして考えてみよう．水素原子と酸素原子の原子核にある陽子，中性子や，分子軌道に存在している電子には，粒子自身の運動エネルギーに加えて，粒子間に働く引力や斥力のエネルギーがある．第4章で学んだように原子中の電子は軌道内を動き回っているし，第5章で学んだようにその電子が"のり"の役目を果たし原子同士を結びつけて化学結合を形成している．

水分子には2本の共有結合があり，そこに化学結合エネルギーが存在する．さらにO–H結合間の距離が伸びたり縮んだりすることによる伸縮エネルギーや，分子の動きによってH–O–Hの角度が開いたり閉じたりすることによる変角エネルギーもある．水分子の間に働く相互作用，水素結合は，分子間力に基づくエネルギーである（図7.3）．これらのエネルギーはすべて物質に蓄えられているものであり，総称して**内部エネルギー**（internal energy）と呼ぶ．

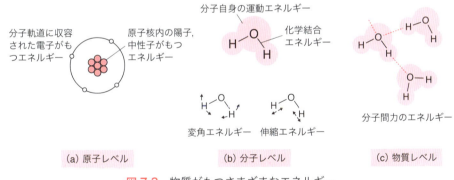

(a) 原子レベル　　(b) 分子レベル　　(c) 物質レベル

**図7.3** 物質がもつさまざまなエネルギー

図7.3に示した内部エネルギーのうち，水素結合によるエネルギー(c)は分子間相互作用である．第6章で学んだように分子間相互作用の大小は物質の状態変化に影響を及ぼすが，物質そのものの変化は起こらない．一方，化学反応では，物質の構成元素や結合様式が変わるため，これに応じて物質の内部エネルギーも変化する．内部エネルギーの絶対値は正確に求めることが困難であるが，化学反応を考えるときは，反応によって変化した部分だけに着目すればよい．すなわち反応によってどのくらい内部エネルギーが変化したかは，反応前後のエネルギーを相対的に比較して考えることができる．

### 7.2.2　反応のエネルギー図：熱が出るか入るか

前項で述べたように，物質には化学エネルギー（**ポテンシャルエネルギー**）が蓄えられている．このエネルギーの本質は，化学結合エネルギーや運動エネルギーなどであり，分子がもつエネルギーが低いほどその物質が安定に存在していることを示す．図 7.4 は水素分子の結合の切断と生成が起こるときのエネルギー変化である．割り箸を折るときに力が要るように，原子間の結合を切るためにはエネルギーが必要である．逆に，ばらばらの原子が結合して安定な分子になる場合は余ったエネルギーが放出される．水素分子の場合，原子 2 個から分子が生成すると 1 mol あたり 436 kJ の熱を放出する．

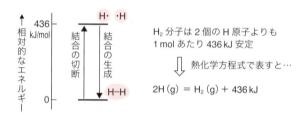

**図 7.4**　水素分子の結合の切断と生成

化学反応では，物質の結合様式が変化し，それに伴って物質の性質が変わる．結合様式が変化するとは，化学結合が切れたりつながったりして原子の組換えが生じることである[*]．一般的な化学反応ではすべての化学結合が切断されるのではなく，一部の結合で組換えが起こり，そのときに出入りするエネルギーのバランスによって反応熱が放出されたり，吸収されたりする．

*　ここでいう化学結合とは，多くの場合共有結合を指す．

反応の**エネルギー図**は，化学反応の進行に従ってどのように物質のエネルギーが変化するか，つまり**反応物**（reactant）の内部エネルギーと**生成物**（product）の内部エネルギーの相対関係を示した図である．化学反応の生成物がもとの物質よりも安定な場合はエネルギーが放出され，熱として系外に出るので**発熱反応**になる．逆に生成物のほうがエネルギーの高い状態になる反応では，外部からエネルギーを与える必要があり，これは**吸熱反応**である（図 7.5）．

自然界では，すべての出来事はエネルギー的に安定になる方向，すなわち

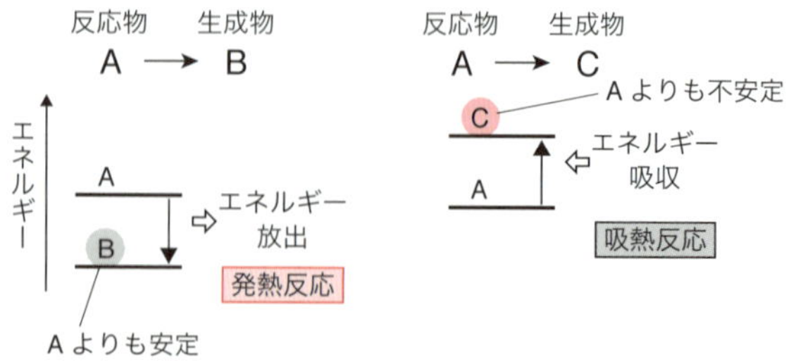

**図 7.5**　反応物と生成物の相対的なエネルギーの関係

エネルギーが低くなる方向に進む．これに従えば，発熱反応は自発的に始まるはずであるが，実際には反応は勝手に始まらないことが多い．これは，反応が進む先に障壁があるためであり，それを越えるくらいまでエネルギーが高まると容易に反応が進むようになる（図7.5）．この障壁を**活性化エネルギー**（activation energy, $E_a$）と呼び，反応によってその高さが異なり，室温で供給されるエネルギーがその反応にとって障壁を越える量であれば，反応が容易に進む．

　図7.6のように化学反応が進む場合，障壁の頂点ではエネルギーが極大になっている．エネルギー図において，この極大値を示す部分を**遷移状態**（transition state）という．この状態は非常に不安定なので実際に確認することはできない．

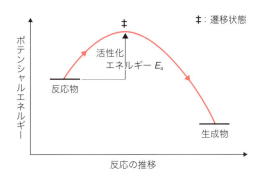

**図 7.6**　化学反応の活性化エネルギーと遷移状態

### 7.2.3　一段階反応と多段階反応：ひと山越えるか，ふた山越えるか

　物質Aが物質Bに変化するとき，一気に反応が進み，生成物が得られる場合，これを**一段階反応**という〔図7.7(a)〕．たとえば，塩基性条件で臭化メチル（$CH_3$-Br）と水酸化ナトリウム（NaOH）を反応させると，メタノール（$CH_3$-OH）が生成する．これは，式(7.1)のように水酸化物イオンが炭素原子に結合している臭素原子と一気に置換する一段階反応の例である．

▶これらは水酸化物イオンや水分子が求核試薬として働く置換反応である．

$$HO^- + CH_3\text{-Br} \longrightarrow HO\text{–}CH_3 + Br^- \qquad (7.1)$$

　反応の途中で中間生成物を経由して最終生成物に至る場合，反応全体は**多段階反応**という〔図7.7(b)〕．臭化 $t$-ブチル〔$(CH_3)_3$C-Br〕を酸性条件で加熱すると，$t$-ブチルアルコール〔$(CH_3)_3$C-OH〕が生成する．これは式(7.2)のように臭化物イオンが脱離して生成する炭素陽イオン（カルボカチオン）に，溶媒の水分子が結合して起こる多段階反応である．

$$CH_3-\underset{\underset{CH_3}{|}}{\overset{\overset{CH_3}{|}}{C}} \overset{\bullet\bullet}{-} Br \longrightarrow CH_3-\underset{\underset{CH_3}{|}}{\overset{\overset{CH_3}{|}}{C^+}} \qquad \overset{\bullet\bullet}{\underset{\bullet\bullet}{Br^-}} \tag{7.2}$$

　多段階反応の場合，反応の進行中にいくつもの山(障壁)を乗り越える必要がある．山と山の間にあるエネルギー極小の部分は反応の**中間体**(intermediate)と呼ばれ，式 (7.2) では電気陰性度が大きい原子が共有電子をもって脱離すると，電子が不足した中間体ができる．条件によってその存在を確かめることができる点が遷移状態と異なる．

### 7.2.4　反応の速さに影響する因子：遅い人が速さを決める

　化学反応が進行するためには，活性化エネルギー以上のエネルギーが供給される必要があることを 7.2.2 項で述べた．活性化エネルギーの大きさは反応によって異なり，山の高さ，つまり遷移状態の安定性に左右される．障壁が高ければ反応が進みにくく，障壁が低ければ反応が進みやすい．人が壁を乗り越えるときと同じである．このように，活性化エネルギーの大きさは反応の進みやすさ，反応の速さに関係する．

　化学反応では，基質と試薬が出会わなければ反応が起こらず，粒子どうしが出会う確率が高ければ反応がより進みやすくなる．たとえば図 7.7 (a) の反応の場合，水酸化物イオンの立場から見ると，臭化メチルの数が多いほど出会う確率が高くなる．逆に臭化メチル分子にとっては，水酸化物イオンが多いほど衝突する確率が高くなる．このように，一般的に基質の濃度が高くなると反応速度が大きくなる．また温度が高くなると，粒子が激しく運動するため基質と試薬が出会う確率が高くなり，反応速度が上昇する．

▶素反応
反応の過程に関わる個々の反応．一段階反応は一つの素反応から成るが，多段階反応は複数の素反応の組合せである．

　多段階反応全体の速度には，一つ一つの**素反応**(elementary reaction)の速度が影響するが，反応全体の速度を大きく左右するのは，いくつもの素反応の中で最も速度が遅い反応である．この段階を**律速段階**（rate determining

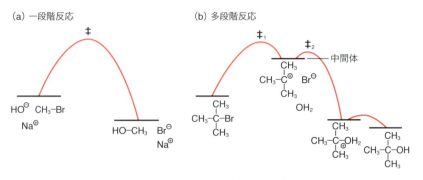

**図 7.7**　一段階反応と多段階反応

step）と呼ぶ．活性化エネルギーが大きい素反応や反応体の濃度が低い素反応は律速段階になりやすい．

## 7.3 化学反応の量的関係

### 7.3.1 化学量論の考え方：原子は消えたり増えたりしない

化学反応では，反応する基質と試薬から新たな物質が生成するが，そのとき，反応系に含まれる原子の種類と数は変化しない．すなわち，反応の前後で物質は消えたり増えたりしない．この原則をもとに，反応前後の分子の量的な関係を考える理論を**化学量論**（stoichiometry）という．たとえば化学反応式を書くときは，基質と試薬の物質量比を係数とし比例関係を考えて量を表すが，これは化学量論の考え方にほかならない．

炭素（C）が燃焼して二酸化炭素（$CO_2$）が生成する反応を考えてみよう．式 (7.3) では，炭素と酸素ガスの物質量比が $1:1$ のとき，反応の進行を示す矢印の左右で元素の種類，原子数の釣り合いがとれている．質量で考えると，炭素 $12\,g$ の燃焼に必要な酸素ガスは $32\,g$ である．

$$C + O_2 \longrightarrow CO_2 \tag{7.1}$$

酢酸エチル（$CH_3COOC_2H_5$）を塩基性条件で加水分解する場合は，式 (7.4) のようになる．この場合の基質（酢酸エチル）と試薬（水酸化ナトリウム）の量比は $1:1$ なので，$1\,mol$ の酢酸エチルを加水分解するために必要な水酸化ナトリウムは $1\,mol$ である．実際に反応を行うときには，質量に換算して量をはかる．

$$CH_3COOC_2H_5 + NaOH \longrightarrow CH_3COONa + C_2H_5OH \tag{7.4}$$

### 7.3.2 触媒の働き：山が低ければ速く越えられる

同じエステルの加水分解でも，酸性条件の場合は式 (7.5) のように水の他に塩化水素を反応式に加える必要がある．

$$CH_3COOC_2H_5 + H_2O + HCl \longrightarrow CH_3COOH + C_2H_5OH + HCl \tag{7.5}$$

この式を見ただけでは HCl 自身は反応の前後で何も変化していないように見えるが，実は反応に欠かせない．つまり，酢酸エチルが反応しやすくなるようにしたり，酢酸とエタノールに分解しやすくしたりするために，反応の過程で水素イオン（プロトン）は常に重要な役割を果たしている．反応中，塩化物イオンは対イオンとして存在しているだけである．このように，ある反応において反応の進行を促し，反応によって自身は変化しない物質を**触媒**（catalyst）と

呼ぶ．式(7.5)は酸触媒反応であり，式(7.6)のように書くこともできる．

$$CH_3COOC_2H_5 + H_2O \xrightarrow{\text{H}^+} CH_3COOH + C_2H_5OH \tag{7.6}$$

▶生体内には物質が変換する反応を触媒するさまざまな酵素(enzyme)が存在する．

　一般に触媒は反応速度を上昇させて反応全体を促進する．その仕組みをエネルギー図で見ると，図7.8のように活性化エネルギー $E_a$ を低下させたり，活性化エネルギーの低い複数の反応に分割したりすることがわかる．反応体と生成物がもつポテンシャルエネルギーの相対関係に影響するのではないので，反応熱は変化しない．

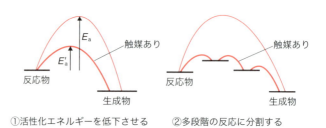

①活性化エネルギーを低下させる
$E_a > E'_a$

②多段階の反応に分割する

図 7.8　反応のエネルギー図で見た触媒の働き

## 7.4　電子の授受と化学反応

### 7.4.1　電子の動き方：矢印の形に注意

　7.1.2項で述べたように，化学反応では共有結合の切断や生成が起こる．この様子を共有結合に関わる電子の動きで表すことができる．電子の動きを表すために曲がった矢印を使い，電子のあるところから電子が不足するところに向かって矢印を書く．

　また，電子対として2個の電子が一緒に移動する場合と，1個ずつの電子が別々に動く場合がある．それぞれは矢印の矢じりを変えて区別し，電子対として動く場合は両鍵矢印を，1個ずつ動く場合は片鍵矢印を用いる．

電子対として
動く場合

1個ずつ別の方向に
動く場合

### 7.4.2　電子の動きによる反応の分類：三つの種類をマスターしよう

　有機化学反応をはじめとする多くの化学反応は，電子の動き方によって三つの**反応機構**(reaction mechanism)に大別できる(図7.9)．

　図7.7で例に用いた臭化メチルと水酸化ナトリウムの反応を考えてみよう．臭素原子は電気陰性度が大きいため，共有結合電子対を引き寄せている．つまり，炭素原子は電子不足になっているので水酸化物イオンは非共有電子対を供給しようとする．すると，炭素－臭素間の結合電子対を臭素原子がさらに引き寄せ，最終的に酸素－炭素結合が新たに生成する．この反応を電子対の動きを曲がった矢印で表すと図7.9 (a)のようになる．また，アンモニア($NH_3$)と塩

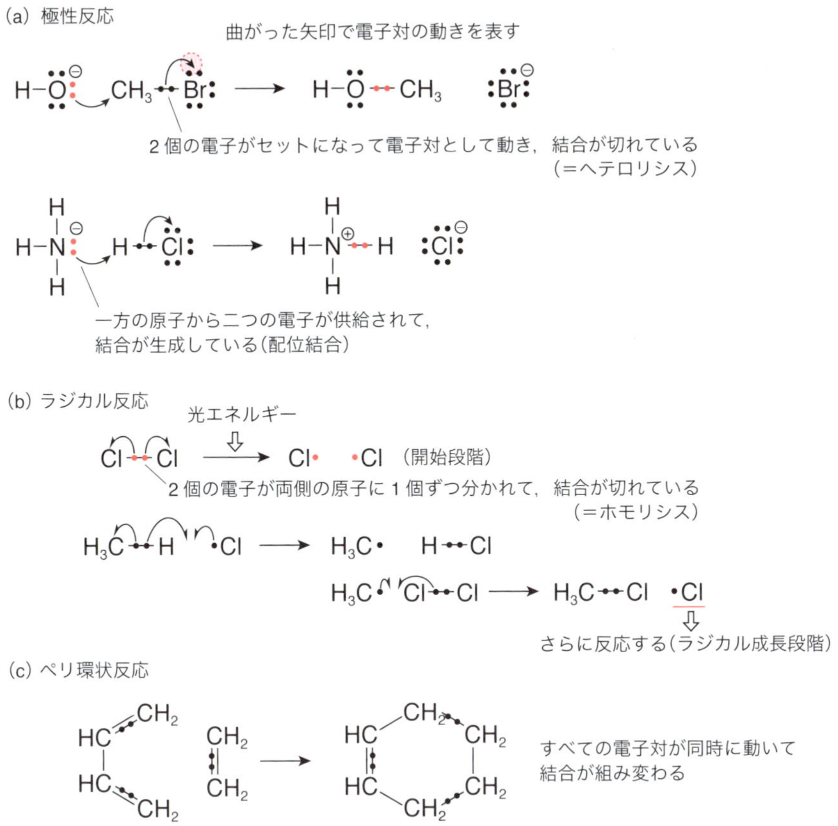

(a) 極性反応

曲がった矢印で電子対の動きを表す

$H-\overset{..}{\underset{..}{O}}{:}^{\ominus}$　$CH_3$$\overset{..}{\underset{..}{Br}}{:}$　⟶　$H-\overset{..}{\underset{..}{O}}-CH_3$　${:}\overset{..}{\underset{..}{Br}}{:}^{\ominus}$

2個の電子がセットになって電子対として動き，結合が切れている
（＝ヘテロリシス）

$H-\overset{H}{\underset{H}{\overset{|}{N}}}{:}^{\ominus}$　$H$$\overset{..}{\underset{..}{Cl}}{:}$　⟶　$H-\overset{H}{\underset{H}{\overset{|}{N}}}^{\oplus}-H$　${:}\overset{..}{\underset{..}{Cl}}{:}^{\ominus}$

一方の原子から二つの電子が供給されて，
結合が生成している（配位結合）

(b) ラジカル反応

光エネルギー

$Cl-Cl$　⟹　$Cl\cdot$　$\cdot Cl$　（開始段階）

2個の電子が両側の原子に1個ずつ分かれて，結合が切れている
（＝ホモリシス）

$H_3C-H$　$\cdot Cl$　⟶　$H_3C\cdot$　$H-Cl$

$H_3C$　$Cl-Cl$　⟶　$H_3C-Cl$　$\cdot Cl$

さらに反応する（ラジカル成長段階）

(c) ペリ環状反応

$\overset{\displaystyle HC\overset{CH_2}{\phantom{x}}}{\underset{\displaystyle HC\underset{CH_2}{\phantom{x}}}{\phantom{x}}}$　$\overset{CH_2}{\underset{CH_2}{|}}$　⟶　六員環構造

すべての電子対が同時に動いて
結合が組み変わる

**図 7.9**　電子の動き方で分類した三つの反応機構

酸 (HCl) の中和反応でアンモニウムイオン ($NH_4^+$) が生成する反応の場合，アンモニアの窒素原子がもつ非共有電子対が電子不足の水素原子に供給されて新しい共有結合(配位結合)が生成する．このように結合電子が対になって移動する反応機構を**極性反応** (polar reaction) と呼び，2個の電子が対になって動き，結合が切れることを**ヘテロリシス** (heterolysis) という．また，極性反応において電子対を供給する側，つまり電子不足の相手を探している分子または部位を**求核体** (nucleophile)，逆に電子が不足して，電子対を欲している分子または部位を**求電子体** (electrophile) と呼ぶ．図 7.9 (a) では水酸化物イオンが求核体，臭素原子が求電子体である．

　これに対して，**ラジカル反応** (radical reaction) は電子が1個ずつ動き，結合の切断と生成が起こる反応である．このような結合の切れ方をホモリシスと呼ぶ．図 7.9 (b) のメタン ($CH_4$) の塩素化反応はラジカル反応の例である．ラジカル反応の場合は最初にラジカルを発生させる開始段階が必要であり，ここで発生した塩素ラジカルが2段目にあるようにメタン分子の水素と反応するとメチルラジカルが発生する．これが別の塩素分子と反応するとクロロメタンと塩素ラジカルが生成する．塩素ラジカルがさらに反応するため，一般にラジ

▶ラジカル
不対電子をもつ原子や分子をラジカルという．

カル反応は連鎖して起こる．なお，開始段階では，UV などの光エネルギーの他，不安定な結合をもつラジカル発生剤などがラジカルを発生させる．

3 番目の反応機構は**ペリ環状反応**（pericyclic reaction）である．この反応では，反応体の分子軌道が相互作用し，そこに収容されていた電子対が同時に移動して新たな分子が生成する．図 7.7 (c) に示した例では，1,3-ブタジエン（$CH_2=CH-CH=CH_2$）の二つの二重結合の π 電子とエチレン（$CH_2=CH_2$）の π 電子が移動してシクロヘキセン（$C_6H_{10}$）が生成する．結合の切断と生成が同時に起こるため**協奏反応**（concerted reaction）とも呼ばれる．

▶ ペリ環状反応を考えるうえで欠かせないのが，HOMO と LUMO である（第 5 章 5.6.2 参照）．

### 7.4.3 ルイス酸とルイス塩基

多くの有機化学反応は極性反応である．図 7.1 にも示したベンゼンのニトロ化反応を電子対の移動で示すと，図 7.10 のようになる．

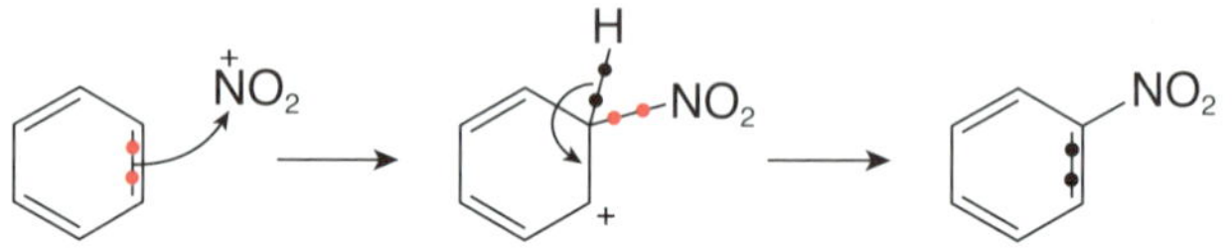

**図 7.10** 電子対の動きで示したベンゼンのニトロ化反応

一つの軌道に入る電子は 2 個という原則は変わらない．このため，電子対が求電子体のほうへ移動して原子間（図 7.10 の場合はベンゼンの炭素原子と窒素原子）に新たな結合が生成するためには，相手に 2 個の電子対を収容するための空の軌道がなければならない．ニトロニウムイオン（$NO_2^+$）の場合は，一時的に図 7.11 のような構造をとるため，ベンゼンの π 電子が空の軌道を利用することができる．

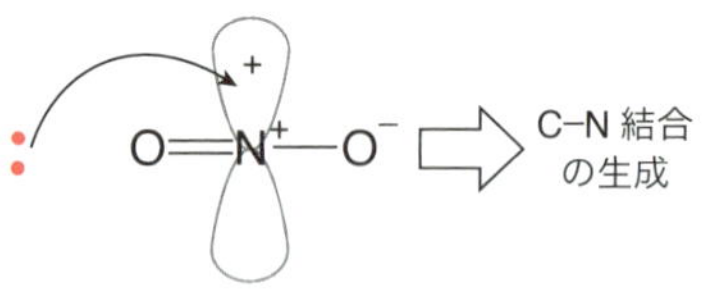

**図 7.11** ニトロニウムイオンの構造

このように，化学反応を電子対の授受で考えたとき，非共有電子対を供与する側を**ルイス塩基**（Lewis 塩基），電子対を受け取る側を**ルイス酸**（Lewis 酸）と呼ぶ．この考え方は次章で学ぶブレンステッドの酸塩基の定義をさらに拡大したものである．表 7.1 に代表的なルイス酸，ルイス塩基を示した．水素イオンは空の s 軌道をもつルイス酸であり，アンモニアは窒素原子上に非共有電子対をもつルイス塩基である．金属イオンは電子を受け入れることができる空の軌道をもつためルイス酸として働き，ルイス塩基であるアンモニアなどと錯イ

▶ ブレンステッドの定義は，プロトンの授受で考えるものである．単に酸・塩基というと混同するため，電子対の授受を考えるときはルイス酸・ルイス塩基という語を使う．

表7.1 ルイス酸とルイス塩基

| ルイス酸 | ルイス塩基 |
|---|---|
| 非共有電子対を受け取るもの．電子対を受容できる空の軌道をもつ<br>金属化合物：$BF_3$, $AlCl_3$, $FeCl_3$, $ZnCl_2$<br>陽イオン：$H^+$, $Li^+$, $Mg^+$<br>プロトン供与体：$H_2O$, $HCl$, $H_2SO_4$,<br>$\quad CH_3OH$, $C_6H_5OH$, $CH_3COOH$ | 非共有電子対を供与するもの<br>$NH_3$, $N(C_2H_5)_3$, $(C_2H_5)_2O$,<br>$CH_3SCH_3$, $CH_3OH$, $H_2O$, $(C_6H_5)_3P$ |

オンを形成したり，有機化学反応で触媒に用いられる．図7.11のニトロニウムイオンも空の軌道をもつルイス酸である．

## 7.5 さまざまな化学反応の分類

化学反応には，主役になる基質分子，反応の鍵をにぎる試薬，反応速度に影響する温度，pH，触媒など，さまざまな因子が関与する．反応式を眺めるときは，どの分子が基質で，どのような試薬が働いているのか考えてみよう．たとえば，試薬が電子豊富な求核体であれば**求核反応**（nucleophilic reaction），電子不足の求電子体を用いる反応は**求電子反応**（electrophilic reaction）である．図7.9（a）は水酸化物イオンが求核試薬になり，基質の Br が OH と置き換わるので求核置換反応である．図7.10のニトロベンゼンの生成はニトロニウムイオンが求電子試薬として働き，ベンゼンの H が $NO_2$ と置換するので求電子置換反応になる．この他に，環状反応（cyclic reaction）や開環反応（ring-opening reaction）という分類もあり，これらは基質の構造変化に着目した分類である．

7.4.1項で述べた3種類の反応（極性反応，ラジカル反応，ペリ環状反応）は，電子の動き方という反応機構で分類したものである．この他にも反応機構に基づく分類があり，酸塩基反応や酸化還元反応がこれにあたる（これらの詳細は第8，9章で学ぶ）．

化学を学ぶうえで，反応の種類を見分けることはその反応を理解する第一歩になる．反応の前後で基質の構造がどのように変化しているか，試薬，pHや温度など，どのような反応条件で行うのかなどを確認しよう．さらに，反応機構を考える際には，電子の動き方，反応の量的な関係，反応のエネルギー図なども一緒に考えるようにしてほしい．

## 確 認 問 題

1. 次の化学種は，①求核体，②求電子体のどちらか，理由とともに示しなさい．
    (1) 水酸化物イオン（$OH^-$）　(2) ニトロニウムイオン（$NO_2^+$）
    (3) エタノール（$C_2H_5OH$）　(4) ヨウ化物イオン（$I^-$）
    (5) ジメチルアミン〔$(CH_3)_2NH$〕　(6) アセトフェノン（$C_6H_5COCH_3$）

**2.** 次の化学種は，①ルイス酸，②ルイス塩基のどちらか，理由とともに示しなさい．

(1) メトキシドイオン($CH_3O^-$)　　(2) 三フッ化ホウ素($BF_3$)

(3) 水($H_2O$)　　(4) 水素イオン($H^+$)

(5) ジエチルエーテル($C_2H_5OC_2H_5$)　　(6) 塩化アルミニウム($AlCl_3$)

**3.** 次の化学反応と，反応の推移を表すエネルギー図に関する記述の正誤を示し，誤っている場合は，正しく直しなさい．

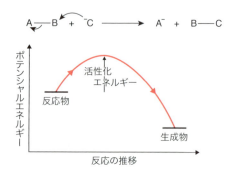

(1) この反応では，初めに結合が生成し，次いで開裂する．

(2) この反応は，吸熱反応である．

(3) ポテンシャルエネルギーが極大値となる状態を中間体と呼ぶ．

(4) この反応の速度は，A–B と $C^-$ の両方の濃度に依存する．

(5) 触媒は出発物のエネルギー状態を高めることで活性化エネルギーを低下させる．

**4.** 分子の内部エネルギーは，どのような要因で決まるか，どのような場合に内部エネルギーが上昇するか，説明しなさい．

**5.** 次の現象は，①極性反応，②ラジカル反応，③転位反応のいずれに含まれるか．

(1) 共有電子対が1個ずつ分かれて結合が切断する．

(2) 電子対ごと電子不足の部分に向かって移動して，新たな共有結合ができる．

(3) 反応体の分子軌道同士の相互作用で，電子対が一度に移動して結合の組換えが起こる．

**6.** 次の反応を①付加反応，②脱離反応，③置換反応，④転位反応，のいずれかに分類しなさい．また，有機化学の授業で学ぶ内容から，①〜④の反応例をあげてみよう．

(1) $CH_2=CH_2 \xrightarrow{\ HBr\ } CH_3CH_2Br$　　(2) $CH_3CH_2Br \xrightarrow{\ KCN\ } CH_3CH_2CN$

(3) $CH_3\underset{\underset{Br}{|}}{C}HCH_3 \xrightarrow[CH_3CH_2OH]{CH_3CH_2ONa} CH_3CH=CH_2$　　(4) $\xrightarrow{\ H_2SO_4\ }$

# 8章

# 酸 と 塩 基

## この章で学ぶこと

- ◆ 酸・塩基の定義は複数ある.
- ◆ 酸性度，塩基性度の強さは相対的なものである.
- ◆ 酸解離定数 p$K_a$ が小さいほど酸性度が大きく，水素イオンを放出しやすい.
- ◆ 緩衝作用は生体の恒常性維持に重要である.

● キーワード ●

酸解離定数，共役酸と共役塩基，電子効果，ヘンダーソン・ハッセルバルヒの式，緩衝液

## 8.1 酸，塩基とは

### 8.1.1 酸・塩基の定義：三つの考え方

生活の中にはさまざまな酸，塩基が存在している．たとえば食品には，米酢やリンゴ酢などの成分である酢酸，レモンや梅干に含まれるクエン酸，ケーキを膨らませたり灰汁を取ったりするための重曹などがある．酸，塩基の性質をもつ医薬品も多く，胃酸が出過ぎる場合に制酸剤を飲むというのは酸塩基反応に基づく治療といえる.

**酸** (acid)，**塩基** (base) には，表 8.1 に示す 3 種類の考え方がある．現在はアレニウスの定義を拡大したブレンステッド・ローリーの定義が利用されることが多い.

ブレンステッド・ローリーの定義では，水素イオン ($H^+$，プロトン) の授受

アレニウス
(S. A. Arrhenius) 1859-1927，スウェーデンの科学者．1903 年ノーベル化学賞受賞．「物理化学」という学問分野を創りあげた一人といわれ，化学反応の速度定数を推定するアレニウスの式が有名.

ブレンステッド
(J. N. Brönsted) 1879-1947，デンマークの化学者．1923 年，ローリーと同じ年にプロトンの授受による酸・塩基の定義を提案した.

表 8.1 酸・塩基の定義

| | 酸 | 塩基 |
|---|---|---|
| アレニウスの定義 | $H^+$ を放出するもの | $OH^-$ を放出するもの |
| ブレンステッド・ローリーの定義 | $H^+$ を放出するもの | $H^+$ を受け取るもの |
| ルイスの定義(7.3節参照) | 電子対を受け取る空の軌道をもつもの | 相手に与えることができる非共有電子対をもつもの |

● ローリー
（T. M. Lowry）1874-1936,
イギリスの化学者．アームスト
ロングの弟子として変旋光と呼
ばれる現象を名づけた．1923
年の酸・塩基の定義はブレンス
テッドとは独立して発表したも
のである．

▶ メチルアミン
　　　$CH_3-NH_2$

▶ メチルアンモニウムイオン
　　　$CH_3-\overset{+}{N}H_3$

▶ ピリジン

▶ イオンの名称
-onium という語尾は陽イオン
を表す（→第10章）
　　ammonium ion
　　pyridinium ion
　　oxonium ion

で酸と塩基を分類する．アレニウスの定義と同様に酸はプロトン供与体であるが，塩基はプロトン受容体と定義される．つまり，次式のように塩化水素が放出するプロトンと反応してアンモニウムイオンを生成するアンモニア（$NH_3$）は塩基である．この反応では $NH_3$ は $OH^-$ を放出しているわけではないので，アレニウスの定義による塩基ではない．

$$NH_3 + HCl \rightarrow NH_4^+ + Cl^-$$

　同じように，メチルアミン，ピリジンなど窒素原子をもつ有機化合物もプロトンと反応してメチルアンモニウムイオン，ピリジニウムイオンを生成するので，塩基として分類される．

　ルイス酸とルイス塩基については第7章で取り上げたので，本章では，ブレンステッド・ローリーの定義による酸・塩基に関して解説していく．

### 8.1.2　酸塩基平衡反応：共役という考え方

　酸を HA，塩基を B と表すと，互いにプロトンを授受する酸塩基反応式を式(8.1)のように書くことができる．

$$HA + B \rightarrow A^- + HB^+ \tag{8.1}$$

この反応の逆反応である式(8.2)では，$A^-$ がプロトン受容体，つまり塩基として働き，$HB^+$ はプロトン供与体，つまり酸となる．

$$A^- + HB^+ \rightarrow HA + B \tag{8.2}$$

　一般に，酸塩基反応は式（8.1）と（8.2）を合わせ，平衡反応を表す矢印 $\rightleftarrows$ を使って次のように表す．このとき，HA がプロトンを放出して生成する $A^-$ は逆反応では塩基として働いている．この関係を「$A^-$ は HA の**共役塩基**（conjugated base）である」と表現する．同様に「$HB^+$ は B の**共役酸**（conjugated acid）である」と表現する．

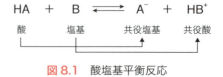

**図8.1**　酸塩基平衡反応

## 8.2 酸, 塩基の強さ

### 8.2.1 酸の強さと $pK_a$：どうやって強い弱いが決まるのか

　塩酸 (HCl) は強酸, 酢酸 ($CH_3COOH$) は弱酸であり, この強弱を考えるための指標が電離度 $\alpha$ である. 塩酸や硫酸 ($H_2SO_4$) は電離度がほぼ 1 である. これに対して, 酢酸の電離度は 1 よりもかなり小さく, 全体のうち, ほんの一部しか電離していない. ここで, 酢酸とフェノール($C_6H_5OH$)の酸としての強さを比較すると, 同じ弱酸でも酢酸のほうが強い酸である. このように酸性度の強弱は相対的なものである.

　「強い酸」とは, より電離している, すなわち図 8.1 の平衡反応が右に偏り, 多くのプロトンを供給できる物質である. 水溶液中での反応を考えると, 図 8.2 の平衡反応が右に進んで多くのオキソニウムイオン ($H_3O^+$) が放出される物質が強い酸である.

▶電離度
電離度 $\alpha = 1$ というのは, 図 8.1 の平衡が完全に右に偏っている状態である.

$$HA \ + \ H_2O \ \rightleftharpoons \ A^- \ + \ H_3O^+$$
酸　　　塩基　　　共役塩基　　共役酸

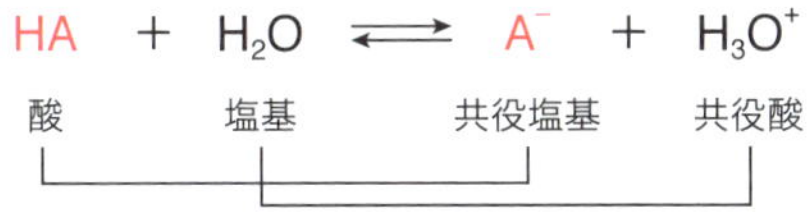

**図 8.2** 水溶液中における酸 HA の解離

▶図 8.2 の式で, $H_2O$ はプロトンを受けとる塩基としてふるまう.

　このような酸としての性質 (酸性度, acidity) の強弱を考えるために平衡反応の偏りを数値化したものが, **酸塩基平衡定数** $K$ である(式 8.3). 一般に平衡定数は分母が左辺の物質のモル濃度の積, 分子が右辺の物質のモル濃度の積で計算する. ここで式(8.3)において, 水のモル濃度($[H_2O] \fallingdotseq 55.5$ mol/L)は溶質濃度よりはるかに大きく, 平衡に関係なくほぼ一定と考えることができる. $K$ が一定なので両辺に $[H_2O]$ を乗じた値も定数になり, これを**酸解離定数** $K_a$ と定義する (式 8.4). 図 8.2 の平衡が右に偏っている物質ほど強い酸であるから, $K_a$ の値が大きい物質ほど酸として強いことになる.

$$K - \frac{[右辺の物質]}{[左辺の物質]} - \frac{[A^-][H_3O^+]}{[HA][H_2O]} \tag{8.3}$$

$$K_a = K \times [H_2O] = \frac{[A^-][H_3O^+]}{[HA]} \tag{8.4}$$

　$K_a$ は物質によって異なり, 酢酸($CH_3COOH$)の $K_a$ は $1.8 \times 10^{-5}$ mol/L, フェノール ($C_6H_5OH$) の $K_a$ は $1.3 \times 10^{-10}$ mol/L である. つまり $K_a$ の大きい酢酸のほうが強い酸であることがわかる. このように $K_a$ は酸性度の指標であるが, 多くの物質では非常に小さな値をとるため大小の比較が煩雑である. このため $K_a$ の負の常用対数 ($-\log_{10}K_a$) を **$pK_a$** と定義した値を利用するほうがわかりやすい. 酢酸とフェノールの $pK_a$ を計算するとそれぞれ 4.75, 9.87 になる.

$$pK_a = -\log_{10} K_a$$

▶多段階の電離平衡

$$H_2CO_3$$
$$K_{a_1} \Updownarrow$$
$$HCO_3^- \;\; + H^+$$
$$K_{a_2} \Updownarrow$$
$$CO_3^{2-} \;\; + H^+$$

$pK_a$ を用いることで酸性度の尺度がより取り扱いやすい数値になるが，$K_a$ が大きいほど（強い酸であるほど）$pK_a$ が小さくなる点に注意しよう．表 8.2 に代表的な化合物の $pK_a$ を示した．炭酸やリン酸は，一つずつプロトンが解離していくため，それぞれの段階について酸解離定数がある．

表 8.2　25 ℃における $pK_a$ の例

| 名称 | 酸塩基反応 | | | | | | $pK_a$ |
|------|---|---|---|---|---|---|--------|
| 安息香酸 | $C_6H_5COOH$ | $+$ | $H_2O$ | $\rightleftarrows$ | $C_6H_5COO^-$ | $+ \; H_3O^+$ | 4.00 |
| 酢酸 | $CH_3COOH$ | $+$ | $H_2O$ | $\rightleftarrows$ | $CH_3COO^-$ | $+ \; H_3O^+$ | 4.76 |
| フェノール | $C_6H_5OH$ | $+$ | $H_2O$ | $\rightleftarrows$ | $C_6H_5O^-$ | $+ \; H_3O^+$ | 9.87 |
| 炭酸 | $H_2CO_3$ | $+$ | $H_2O$ | $\rightleftarrows$ | $HCO_3^-$ | $+ \; H_3O^+$ | 6.11 |
| | $HCO_3^-$ | $+$ | $H_2O$ | $\rightleftarrows$ | $CO_3^{2-}$ | $+ \; H_3O^+$ | 9.87 |
| リン酸 | $H_3PO_4$ | $+$ | $H_2O$ | $\rightleftarrows$ | $H_2PO_4^-$ | $+ \; H_3O^+$ | 1.83 |
| | $H_2PO_4^-$ | $+$ | $H_2O$ | $\rightleftarrows$ | $HPO_4^{2-}$ | $+ \; H_3O^+$ | 6.43 |
| | $HPO_4^{2-}$ | $+$ | $H_2O$ | $\rightleftarrows$ | $PO_4^{3-}$ | $+ \; H_3O^+$ | 11.54 |

日本化学会編，『化学便覧 基礎編（改訂 5 版）』より．

### 8.2.2　塩基の強さ $pK_b$：$pK_a$ との関係を押さえよう

塩基についても，図 8.3 に示す平衡反応について**塩基解離定数** $K_b$ と $pK_b$ を考えることができる．式 (8.5) で示した $K_b$ が大きいほど，すなわち $pK_b$ が小さいほど，平衡反応は右に進み，塩基はプロトンを受け取りやすい強い塩基といえる．

▶図 8.3 の式で，水はプロトンを放出する酸としてふるまう．

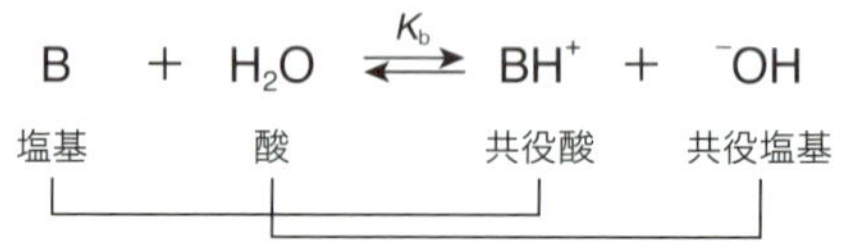

$$B \;\; + \;\; H_2O \;\; \underset{}{\overset{K_b}{\rightleftharpoons}} \;\; BH^+ \;\; + \;\; {}^-OH$$

塩基　　　酸　　　　　共役酸　　共役塩基

図 8.3　水溶液中における塩基 B の解離

$$K_b = \frac{[BH^+][OH^-]}{[B]} \tag{8.5}$$

$$pK_b = -\log_{10} K_b$$

ここで，酢酸の酸塩基平衡について考えてみよう．酢酸の $K_a$ は式 (8.6) のように表すことができる．一方，共役塩基の $CH_3COO^-$ の $K_b$ に関しては式(8.7) が成り立つ．

$$CH_3COOH \;\; + \;\; H_2O \;\; \overset{K_a}{\rightleftharpoons} \;\; CH_3COO^- \;\; + \;\; H_3O^+$$

$$CH_3COO^- \ + \ H_2O \ \underset{}{\overset{K_b}{\rightleftharpoons}} \ CH_3COOH \ + \ ^-OH$$

$$K_a = \frac{[CH_3COO^-][H_3O^+]}{[CH_3COOH]} \qquad (8.6)$$

$$K_b = \frac{[CH_3COOH][OH^-]}{[CH_3COO^-]} \qquad (8.7)$$

この二つの平衡反応は，酢酸の解離に関する正反応と逆反応の関係にあり，$K_a$ が大きければ $K_b$ は小さくなる．ここで酸の $K_a$ と共役塩基の $K_b$ を掛け合わせると，次式のように一定の値，すなわち水のイオン積 $K_W$ になる．この関係から，$K_a$ が決まれば共役塩基の $K_b$ を求めることができる．

$$K_a \times K_b = \frac{[CH_3COO^-][H_3O^+]}{[CH_3COOH]} \times \frac{[CH_3COOH][OH^-]}{[CH_3COO^-]}$$
$$= [H_3O^+][OH^-] = K_W \quad (一定)$$

$pK_a$，$pK_b$ は物質固有の定数であるが，酸は $pK_a$，塩基は $pK_b$ として二つの指標を利用すると，酸と塩基の強さを比較する際に混乱の原因になる．このため，塩基性化合物については共役酸の $pK_a$ を利用すれば，一つのスケールで酸，塩基の強さを比較することができる．

### 8.2.3 酸，塩基の強さに影響する因子

　酸性物質がプロトンを放出しやすい，すなわち酸として強いのは，水素が結合している共有結合が不安定になって水素イオンが放出されやすく，プロトンが放出されたあとの共役塩基が安定に存在できるからである．共役塩基が不安定になる場合は，わざわざプロトンを放出する必要はないので，酸性度は弱くなる．共役塩基の安定性は，非共有電子対がいかに安定に存在するか，負電荷が分散しているかで推定できる（図 8.4）．多くの場合，ある物質の酸としての強さを知りたいときは，次のような因子の影響を考えるとよい．

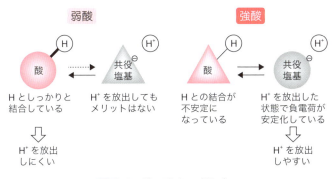

図 8.4　酸の強さの考え方

### ① 置換基の電子効果

ギ酸（HCOOH）は酢酸（$CH_3COOH$）よりも強酸であるのはなぜだろう．共役塩基の構造を比較すると，酢酸イオンは電子供与性のメチル基が負電荷を集中させてしまう．このため，酢酸はギ酸よりも水素イオンを出しにくいと考えることができる（図8.5 a）．また，酢酸に電子求引性の塩素原子が置換するとO–H結合が不安定化する一方で，共役塩基の負電荷は安定化されるため，無置換の酢酸よりも強酸になる（図8.5 b）．

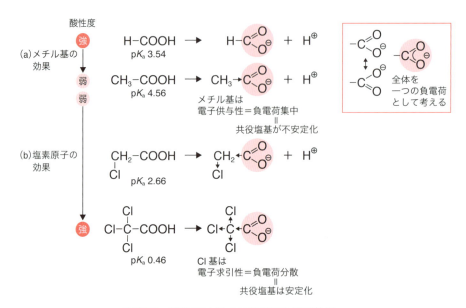

**図8.5** 酸性度に対する置換基の電子効果

### ② 共鳴構造の存在

▶電子効果
結合している原子の電気陰性度の差や共鳴構造の存在が影響する．
CとHの電気陰性度はC＜Hなのでメチル基には電子を供与する効果がある．

$$H \rightarrow \overset{\overset{\displaystyle H}{\uparrow}}{\underset{\underset{\displaystyle H}{\uparrow}}{C}} \rightarrow C$$

塩素原子は電気陰性度が大きいため電子求引性になる．

同じヒドロキシ基をもつ物質でも，アルコールは中性物質（$pK_a$ 15），フェノールは酸性物質（$pK_a$ 9.87）である．これはフェノラートイオン（$C_6H_5\text{-}O^-$）の負電荷が共鳴安定化するからである．メタノールの共役塩基は共鳴安定化できず，むしろメチル基が酸素原子の負電荷を集中させている．酢酸の共役塩基である酢酸イオンは，共鳴構造が対称で安定化の度合いが大きいため，フェノールよりも強酸になる．硫酸（$H_2SO_4$）がきわめて強い酸である理由も，硫酸水素イオン，硫酸イオンの負電荷の共鳴安定化で説明できる（図8.6）．

塩基も同様で，メチルアミン（$CH_3NH_2$）とアニリン（$C_6H_5\text{-}NH_2$）では，メチルアミンのほうが強塩基である（共役酸の$pK_a$：アニリニウムイオン 4.63，メチルアンモニウムイオン 10.51）．これは，メチルアミンの非共有電子対が共鳴することができないのに対して，アニリンの非共有電子対がベンゼン環まで共鳴し，安定化しているからである．

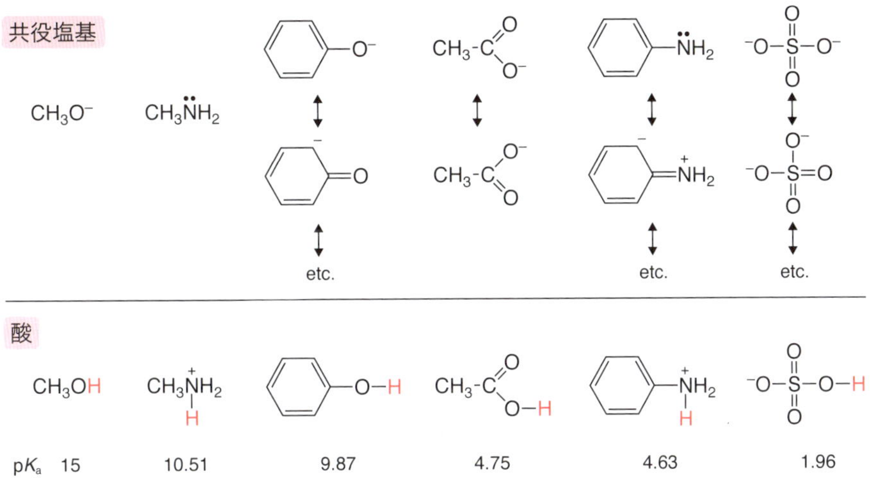

共役塩基

$CH_3O^-$    $CH_3\ddot{N}H_2$

pKa 15

図 8.6 共役塩基の共鳴安定化による影響

### ③ 分子内水素結合の影響

電子求引性のニトロ基（-NO₂）はフェノラートイオンの負電荷を分散させるため，共役塩基を安定化する．すなわち，フェノールよりもニトロフェノールのほうが強酸である．ここで，ニトロフェノールによる 3 種類の位置異性体がある．ニトロ基の置換位置の違いを見ると，表 8.3 に示したように，オルト置換体はパラ置換体よりもわずかに酸性度が低い．これは，オルト置換体で分子内水素結合が形成され，水素イオンを放出しにくくなることが理由である．

表 8.3 ニトロフェノールの酸性度と分子内水素結合

|  | pKa |
| --- | --- |
| フェノール | 9.87 |
| o-ニトロフェノール | 7.04 |
| m-ニトロフェノール | 8.04 |
| p-ニトロフェノール | 7.02 |

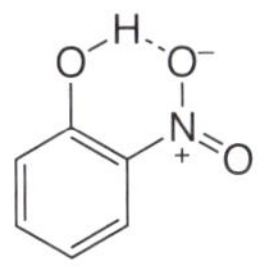

### ④ 中心原子の電気陰性度，原子半径，混成軌道

第 2 周期の水素化物 $CH_4$，$NH_3$，$H_2O$，HF の中で最も強い酸はフッ化水素 HF である．構造を見ると当然であるが，共役塩基の安定性を中心原子の電気陰性度の大小で考えると説明できる．

| 酸 | 弱 | ← | $CH_4$ | $NH_3$ | $H_2O$ | HF | → | 強 |
| --- | --- | --- | --- | --- | --- | --- | --- | --- |
| pKa |  |  | 49 | 36 | 15.7 | 3.17 |  |  |
| 共役塩基 | 不安定 | ← | $^-CH_3$ | $^-NH_2$ | $HO^-$ | $F^-$ | → | 安定 |
|  | （強塩基） |  |  |  | （弱塩基） |  |  |  |

中心原子の
電気陰性度　　　　小 ━━━━━━━▶ 大

　一方，同族元素の水素化物 HF，HCl，HBr，HI のうち，最も強い酸はヨウ化水素 HI（$pK_a = -10$）である．ヨウ素原子は四つのハロゲン原子の中で電気陰性度が最も小さいが，原子半径が大きい．ハロゲン原子の陰イオンの場合，すべての最外殻電子数は同じである．このため，ヨウ化物イオン $I^-$ の負電荷がより広い表面積に分散して安定化するため，4種類のハロゲン化物イオンのうち $I^-$ の塩基性が最も弱くなる．すなわち，元の酸であるヨウ化水素の酸性度が最も強い．

　エタン（$CH_3\text{-}CH_3$），エチレン（$CH_2=CH_2$），アセチレン（$CH\equiv CH$）をブレンステッド酸と考え，その強さを比較すると，エタン（$pK_a$ 50.6）＜エチレン（$pK_a$ 44）＜アセチレン（$pK_a$ 25）の順になる．それぞれの共役塩基 $CH_3CH_2{}^-$，$CH_2=CH^-$，$HC\equiv C^-$ を考えると，カルボアニオンの非共有電子対を収容する炭素原子の原子軌道はそれぞれ $sp^3$，$sp^2$，$sp$ 混成軌道である．第5章で学んだように，混成軌道の s 性が高いほど原子核に軌道が近く，非共有電子対がより安定に収容されるため，共役塩基の安定性は $CH_3CH_2{}^- < CH_2=CH^- < HC\equiv C^-$ の順になる．

▶カルボアニオン
炭素陰イオンのこと．炭素陽イオンはカルボカチオン．

### ⑤ 芳香族性の有無

　化合物がプロトン化したり，脱プロトン化すると芳香族性が失われる場合，その方向への反応は進みにくい．たとえば，ピリジン（$C_5H_5N$）とピロール（$C_4H_5N$）の塩基性を比較した場合，ピリジンはプロトン化されても芳香族性を維持するのに対して，プロトン化されたピロールでは芳香族性が失われてしまう．このため，ピロールはほとんど塩基性がない．

ピロール　　ピリジン

## 8.3　水溶液の pH と物質の解離状態

### 8.3.1　水溶液の pH

　水素イオン指数（hydrogen ion index, pH）は，溶液中に存在するプロトン濃度の指標である．酸 HA を水溶液にしたときに放出されるプロトン（オキソニウムイオン）のモル濃度を $[H_3O^+]$ と表すと，pH は以下の式で定義される．

$$pH = -\log_{10}[H_3O^+]$$

　塩基の水溶液の場合，水酸化物イオン濃度 $[^-OH]$ がわかれば，水のイオン積を利用して pH を求めることができる．

$$pOH = -\log_{10}[^-OH]$$
$$K_W = [H_3O^+][^-OH]$$
$$[H_3O^+] = \frac{K_W}{[^-OH]} \qquad pH = -\log_{10}[H_3O^+]$$

$$
\begin{aligned}
&= -\log_{10} \frac{K_W}{[^-OH]} \\
&= -\log_{10} K_W + \log_{10} [^-OH] \\
&= 14 - pOH
\end{aligned}
$$

　塩化水素，硫酸，水酸化ナトリウムのように，水溶液中で完全に解離する場合，pH は容易に求めることができる．たとえば 0.10 mol/L 塩酸水溶液の場合，電離度 $\alpha = 1$ なので $[H_3O^+] = 0.10 = 1.0 \times 10^{-1}$ mol/L，pH は 1.0 になる．硫酸のように 2 価の酸の場合は，放出されるプロトンは倍になるため，pH を計算するときは気を付けよう．

### 8.3.2　弱酸・弱塩基水溶液の pH：複雑な計算が必要

　酢酸（$CH_3COOH$）のように水溶液中で解離している分子が少ない場合，水素イオン濃度を求めるためには，電離度 $\alpha$ または酸解離定数を用いる必要がある．たとえば，酢酸の濃度 $c$ と $K_a$ が与えられていれば，酢酸水溶液の水素イオン濃度は式 (8.6) から以下の式 (8.8) を導いて求めることができ，0.10 mol/L 酢酸水溶液の pH は 2.87 になる．

$$
CH_3COOH \;+\; H_2O \;\rightleftharpoons\; CH_3COO^- \;+\; H_3O^+
$$

$$
K_a = \frac{[CH_3COO^-][H_3O^+]}{[CH_3COOH]} = \frac{[H_3O^+]^2}{[CH_3COOH]}
$$

$$
[H_3O^+] = \sqrt{[CH_3COOH] \times K_a} = \sqrt{c \cdot K_a}
$$

$$
pH = -\log_{10} \sqrt{c \cdot K_a} \tag{8.8}
$$

弱塩基の水溶液の場合，$pK_b$ がわかれば以下のように段階的な計算で水素イオン濃度を求めることができる．

$$
[OH^-] = \sqrt{c \cdot K_b} \qquad pOH = -\log_{10}[OH^-] = -\log_{10} \sqrt{c \cdot K_b}
$$

$$
[H_3O^+] - \frac{K_W}{[OH^-]} = \frac{K_W}{\sqrt{c \cdot K_b}} \quad pH = 14 - pOH
$$

### 8.3.3　$pK_a$ とイオン化の度合い：ヘンダーソン・ハッセルバルヒの式

　$pK_a$ は，酸の強弱を判定したり水溶液の pH を求めるためだけにあるのではない．そもそも酸解離定数であるから，ある pH において酸塩基平衡がどのくらい偏っているかの指標である．

　図 8.2 に示した酸 AH の $K_a$ を求める式を考えてみよう．ここで $A^-$ は AH の共役塩基である．

$$K_a = \frac{[\text{A}^-][\text{H}_3\text{O}^+]}{[\text{AH}]} = [\text{H}_3\text{O}^+] \times \frac{[\text{A}^-]}{[\text{AH}]}$$

$$-\log_{10} K_a = -\log_{10}\left([\text{H}_3\text{O}^+] \times \frac{[\text{A}^-]}{[\text{AH}]}\right)$$

$$= -\log_{10}[\text{H}_3\text{O}^+] - \log_{10}\frac{[\text{A}^-]}{[\text{AH}]}$$

$$\text{p}K_a = \text{pH} - \log_{10}\frac{[\text{A}^-]}{[\text{AH}]}$$

$$= \text{pH} + \log_{10}\frac{[\text{AH}]}{[\text{A}^-]} \tag{8.9}$$

$$\text{pH} = \text{p}K_a + \log_{10}\frac{[\text{A}^-]}{[\text{AH}]} \tag{8.10}$$

　式(8.9), (8.10)を**ヘンダーソン・ハッセルバルヒ**(Henderson-Hasselbalch)**の式**と呼ぶ. 式(8.9)からは特定の pH における酸(AH, 分子型)と共役塩基(A$^-$, イオン型)の比率から p$K_a$ を算出でき, 式(8.10)では p$K_a$ が既知の弱酸の水溶液の pH を求めることができる. pH が p$K_a$ と等しいとき, 式(8.9)または(8.10)から次式が誘導され, 酸(分子型)と共役塩基(イオン型)の濃度が等しいことがわかる.

$$\log_{10}\frac{[\text{CH}_3\text{COO}^-]}{[\text{CH}_3\text{COOH}]} = 0$$

$$[\text{CH}_3\text{COO}^-] = [\text{CH}_3\text{COOH}]$$

▶ルシャトリエの原理
平衡状態にある系において, 温度, 圧力, 濃度などが変化すると, その変化を打ち消す方向に平衡が移動するという原理.

　ここで, pH が小さくなることは水素イオン濃度が上昇することであるから, ルシャトリエの原理に従って図 8.2 の平衡反応は水素イオンが少なくなるように左に進み, 遊離型の AH の濃度が高くなる. pH が大きくなると逆である.

*topic*

## ● 医薬品の p$K_a$ と吸収率 ●

　医薬品が体内に吸収されるには細胞膜を通過する必要がありますが, 細胞膜は脂質で構成されているため, 医薬品がイオン化されていると細胞膜を通りにくくなります. つまり, 医薬品の分子型とイオン型の比率は体内への吸収率に関係します. もし酸性医薬品の p$K_a$(塩基性医薬品であれば p$K_b$)がわかっていれば, ヘンダーソン・ハッセルバルヒの式で分子型／イオン型の比率を求めることができます. たとえば, 身近な医薬品の一つであるアスピリンは弱酸性医薬品で p$K_a$ は 3.5 なので, 胃の pH (1〜2) では 9 割以上が分子型です. 食事後に胃の pH が 4〜5 に上昇してもまだ分子型が多く存在しているので, 吸収されやすい医薬品だとわかります. これから学ぶ医薬品の構造, 性質は体内動態を考えるときにも重要ですから, 覚えておくとよいでしょう.

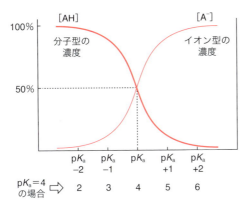

**図 8.7** 酸性物質のイオン化の状態と pH

これをグラフに表したのが図 8.7 であり，たとえば $pK_a$ が 4 の酸性物質であれば，中性の水溶液中ではほぼすべてがイオン化していることがわかる．塩基性物質の場合は，逆に pH が大きくなるほど分子型の濃度が高くなり，pH が小さくなると水素イオンと反応してイオン化する．

このように $pK_a$ は水溶液中におけるイオン化の度合いを推測するために有用である．

## 8.4 緩衝作用

### 8.4.1 緩衝の仕組み：pH が変化しないのはなぜか

酢酸（$CH_3COOH$）水溶液に水酸化ナトリウム（NaOH）水溶液を少しずつ混和しながら pH の変化を調べると，pH 4 に近づくにつれて pH の変化が遅くなる．そして，pH 4.7 付近で pH が変化しなくなり，その後，NaOH 水溶液をさらに追加すると再度 pH が上昇していく．このように特定の pH 範囲で酸，塩基の作用が打ち消される現象を**緩衝作用**といい，緩衝作用を示す水溶液を**緩衝液**（バッファー，buffer）と呼ぶ．緩衝液は，弱酸とその塩，または弱塩基とその塩からなる水溶液である．

混和した水溶液中で起こる反応を考えてみよう．弱酸である酢酸水溶液と NaOH 水溶液を混和すると中和反応で酢酸が消費され，生成した塩が電離して酢酸イオンになる（式 8.12）．すると，式 (8.11) に示す酢酸の平衡反応において右辺の酢酸イオンの濃度が上昇することになり，平衡反応が左に進んで水素イオン濃度は低下し pH は上昇する．

$$CH_3COOH \quad \rightleftharpoons \quad CH_3COO^- \quad + \quad H^+ \tag{8.11}$$

$$\downarrow +NaOH$$

$$CH_3COONa \quad \longrightarrow \quad CH_3COO^- \quad + \quad H^+ \tag{8.12}$$

ここに NaOH を加え続けると酢酸イオンが徐々に増え，ついに酢酸イオンと酢酸の濃度が等しくなる．8.3.3 項で述べたようにこの pH は p$K_a$ と等しい．この状態で少量の水素イオンを添加しても式(8.11)の平衡は左に進み，水素イオンが打ち消される．逆に，少量の水酸化物イオンを添加すると酢酸と反応して水酸化物イオンは消失する．すなわち，pH がほとんど変化しない．これが緩衝の仕組みである．酢酸水溶液に NaOH 水溶液を加え，pH がほとんど変化しなくなった溶液は，酢酸−酢酸ナトリウム緩衝液と呼ばれる．

緩衝液の pH はヘンダーソン・ハッセルバルヒの式(8.10)で求めることができる．たとえば，0.2 mol/L の酢酸水溶液 1 L と 0.2 mol/L の酢酸ナトリウム水溶液 1 L を混和した緩衝液の pH は次のように算出する．

▶ 等量を混和したのでそれぞれの濃度は 1/2 になる．

$$[CH_3COOH] \fallingdotseq [CH_3COO^-] = 0.2 \text{ mol/L} \times \frac{1}{2} = 0.1 \text{ mol/L}$$

酢酸の p$Ka$ = 4.75 とする

$$pH = pK_a + \log_{10} \frac{[CH_3COO^-]}{[CH_3COOH]} = 4.75 + \log_{10} \frac{0.1}{0.1} = 4.75$$

▶ 酵素反応に適した pH
酵素はタンパク質分子なので，pH が大きく変化すると気質と相互作用することができなくなってしまう．酵素ごとにちょうどよい pH があり，これを至適 pH と呼ぶ．同様に温度も重要な反応条件である（8.4.2 項も参照）．

緩衝液の緩衝能は p$K_a$ と等しい pH 付近で最大になり，緩衝作用を期待できる範囲は p$K_a$±1 程度である．化学実験，生化学実験では，pH の変化が予想されるような化学反応や酵素反応など反応条件に適切な pH があるときなどは，反応中の pH 変動を抑えるために緩衝液を使用することが多い．表 8.4 には，日本薬局方に収載されている緩衝液の例を示した．

表 8.4 日本薬局方に収載されている緩衝液の例

| 緩衝液の種類 | pH の例 |
|---|---|
| 酢酸・酢酸アンモニウム緩衝液 | 3.0, 4.5, 4.8 |
| 酢酸・酢酸ナトリウム緩衝液 | 4.0, 4.5, 4.7, 5.0, 5.6 |
| リン酸塩緩衝液 | 3.0, 3.5, 4.5, 5.3, 6.0, 6.8, 7.0, 7.4, 8.0, 10.5, 12 |
| アンモニア・酢酸アンモニウム緩衝液 | 8.0, 8.5 |
| ホウ酸・塩化カリウム・水酸化ナトリウム緩衝液 | 9.0, 9.2, 9.6, 10.0 |
| アンモニア・塩化アンモニウム緩衝液 | 8.0, 10.0, 11.0 |

### 8.4.2 生体内の緩衝系：体の中の pH が保たれる理由

生体内ではさまざまな化学反応が起こっており，呼吸で二酸化炭素($CO_2$)が生成するだけでなく，他にも多くの酸性物質が絶えず生成している．それでも体液の pH が大きく変動しないように，生体には炭酸系，タンパク質系，リン酸系などの緩衝系が存在し，pH の調整役として生体の恒常性維持に重要な役割を担っている．たとえば，ヒトの血液は pH 7.4±0.05 になるように pH が厳密に保たれている．これには次式のような炭酸系(重炭酸系)の緩衝作用が大

きくかかわっている.

$$CO_2 + H_2O \rightleftarrows H_2CO_3 \rightleftarrows H^+ + HCO_3^- \qquad (8.13)$$

　生体内反応で酸性物質あるいは塩基性物質が生成すると, 式(8.13)の平衡が
その影響を取り除く方向に移動する. また, 何らかの病気で呼吸不全の状態に
なると, 体内の換気が不足し血液中の$CO_2$濃度が上昇する. このとき式(8.13)
の平衡は$CO_2$を消費するために右に動くので水素イオン濃度が上昇し, 血液
のpHは酸性に傾く. このような病態を呼吸性アシドーシスと呼ぶ. 逆に過呼
吸が起こると呼気から$CO_2$が過剰に体外へ放出されるため, 式(8.13)の平衡
は左に傾き$CO_2$濃度を維持しようとする. その結果, 水素イオン濃度は低下し,
呼吸性アルカローシスという病態になる.

　生体内の緩衝系には, 他にヘモグロビンやアルブミンなどのタンパク質も
関与している. これは, タンパク質の分子表面に存在する酸性アミノ酸のカ
ルボキシ基($-COOH$)や塩基性アミノ酸のアミノ基($-NH_2$), イミダゾール基
($-C_3H_3N_2$)が水素イオンの授受を行っているためである.

▶過呼吸
強い緊張やストレスなどで過度
の呼吸活動が起こり, 必要以上
の換気が行われてしまう状態を
いう.

▶イミダゾール基
ヒスチジンの構造の一部.

## 8.5　pHと有機化合物の解離状態

　水溶液中での化合物の解離状態を推定することは, 化合物を溶解させる条件
や分析する条件を, 混合物から単離する条件の検討に役立つ. たとえば, 液体
クロマトグラフィーで用いる溶離液のpHによって有機化合物の分子型, イオ
ン型の比率が異なり, 担体との相互作用の仕方が変わってくる.

▶液体クロマトグラフィー
固定相とよばれる担体にどのく
らい化合物が吸着されるか, あ
るいは固定相と移動相にどのく
らいの割合で分配されるかなど
の違いを利用して混合物を分離
する方法

### 8.5.1　有機化合物の溶解性

　有機化合物を医薬品として応用するためには, ある程度の溶解性が必要であ
る. 炭素数が増え分子量が大きくなると水溶性が低下するが, 構造の中にカル
ボキシ基, フェノール性ヒドロキシ基, アミノ基などが存在すると, 塩酸や水
酸化ナトリウム水溶液に溶解させることができる(表8.5).

▶塩基性医薬品は塩酸塩, 弱
酸性医薬品はナトリウム塩など
として利用されるものが多い.

**表8.5**　日本薬局方医薬品の構造と溶解性

| | 名称 | アスピリン | アセトアミノフェン | スルファメチゾール | アミノ安息香酸エチル |
|---|---|---|---|---|---|
| 医薬品 | 構造 | | | | |
| 溶解性 | 水 | 溶けにくい | やや溶けにくい | ほとんど溶けない | 極めて溶けにくい |
| | 10% HCl 水溶液 | — | — | 溶ける | 溶ける |
| | 1 mol/L NaOH 水溶液 | 溶ける | 溶ける | 溶ける | — |

### 8.5.2　酸塩基反応による有機化合物の分離

　有機化合物の解離状態の違いは有機溶媒への分配比に影響する．これを応用して混合物を分離することができ，このとき化合物の$pK_a$は，分離操作に用いる溶液の適切な選択に役立つ．つまり，炭酸水素ナトリウム（$NaHCO_3$）と水酸化ナトリウムの共役酸の$pK_a$の違いの理解が重要である．二つの塩基はいずれも酸性化合物をイオン化して水相に移行させるが，分離したい酸性化合物の$pK_a$によって両者を使い分けなければならない．

　安息香酸（$C_6H_5$-COOH：$pK_a$ 4.00）とフェノール（$C_6H_5$-OH：$pK_a$ 9.87）の混合物の場合を例にしてみよう．まず$pK_a$で考えてみると，炭酸水素イオンの共役酸の$pK_a$，すなわち炭酸の$pK_a$が6.11であることから，式（8.14）の平衡は右に傾き，式（8.15）の平衡は左に傾く．このことから，安息香酸のみがイオン化して水相に移行することがわかる．

$$C_6H_5\text{-COOH} + HCO_3^- \;\rightleftharpoons\; C_6H_5\text{-COO}^- + H_2CO_3 \qquad (8.14)$$

$\phantom{xx}$ $pK_a$ 4.00 $\phantom{xxxxxx}$ ⇨ $\phantom{xxxxxxxx}$ $pK_a$ 6.11

$\phantom{xx}$ 強酸 $\phantom{xxxxx}$ 平衡は右に移動する $\phantom{xxxxx}$ 弱酸

$$C_6H_5\text{-OH} \phantom{xx} + HCO_3^- \;\rightleftharpoons\; C_6H_5\text{-O}^- \phantom{xx} + H_2CO_3 \qquad (8.15)$$

$\phantom{xx}$ $pK_a$ 9.87 $\phantom{xxxxxx}$ ⇦ $\phantom{xxxxxxxx}$ $pK_a$ 6.11

$\phantom{xx}$ 弱酸 $\phantom{xxxxx}$ 平衡は左に移動する $\phantom{xxxxx}$ 強酸

　実際に，炭酸水素ナトリウム水溶液のpHは約8.3である．ヘンダーソン・ハッセルバルヒの式を利用すると，pH 8.3における安息香酸のイオン型／分子型の比率は$10^{(8.3-4.00)} = 10^{4.3} ≒ 19950$，すなわちほぼ100%イオン化している．一方，フェノールは$10^{(8.3-9.87)} = 10^{-1.57} ≒ 0.027$なので，イオン化している分

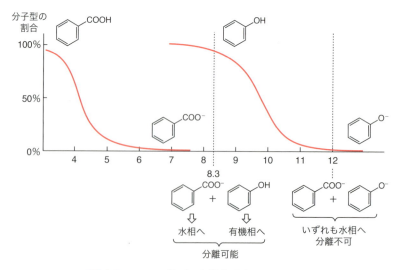

**図 8.8**　$pK_a$に基づく有機化合物の分離操作

子はわずか3%である（図8.8）．この状態では，安息香酸が水相に，フェノールは有機相に分配される．

一方，水酸化ナトリウムの共役酸である $H_2O$ は $pK_a = 15.7$ であるから，安息香酸とフェノールは式 (8.16), (8.17) のようにどちらも解離する方向に平衡が傾く．ここで，図8.8を見ると，

$$C_6H_5\text{-COOH} + {}^-OH \rightleftharpoons C_6H_5\text{-COO}^- + H_2O \qquad (8.16)$$

$$\underset{\substack{pK_a\ 4.00\\ 強酸}}{} \qquad\qquad\qquad \underset{\substack{pK_a\ 15.7\\ 弱酸}}{}$$

$$C_6H_5\text{-OH} + {}^-OH \rightleftharpoons C_6H_5\text{-O}^- + H_2O \qquad (8.17)$$

$$\underset{\substack{pK_a\ 9.87\\ 強酸}}{} \qquad\qquad\qquad \underset{\substack{pK_a\ 15.7\\ 弱酸}}{}$$

0.01 mol/L の水酸化ナトリウム水溶液（pH 12）を用いた場合は，フェノールもほぼ100%イオン化するため，両者ともに水相に移行してしまう．このように安息香酸とフェノールの混合物を分離するときには，用いる塩基の順序に気をつけなければならない．

## 確認問題

**1.** 次の酸について，酸-塩基平衡反応を書き，共役塩基を示しなさい．

　(1) HCl　　(2) $H_2SO_4$　　(3) $H_3PO_4$　　(4) $H_2CO_3$

　(5)　　　　(6)

**2.** 解離定数に関する記述の正誤を示し，誤っている場合は正しく直しなさい．

　(1) $pK_a$ の値が小さいほど，酸性度は小さい．

　(2) $pK_b$ の値が大きいほど，塩基性度は大きい．

　(3) $pK_a$ の値は，解離している分子種と解離していない分子種が等モル存在している溶液の pH に等しい．

　(4) 25℃における弱電解質水溶液では，$pK_a \times pK_b = 14$ である．

　(5) $pK_b$ が8の塩基性薬物は，pH9の水溶液においてはほとんどがイオン型で存在している．

**3.** リン酸 $H_3PO_4$ について，次の問いに答えなさい．

　(1) 水溶液中での三段階の酸塩基平衡反応を一段階ずつ書き，それぞれについて共役酸，共役塩基の関係を示しなさい．

　(2) 各平衡反応における酸のモル分率と pH の関係を示した図に関する記述①〜⑤の正誤を示し，誤っている場合は正しく直しなさい．

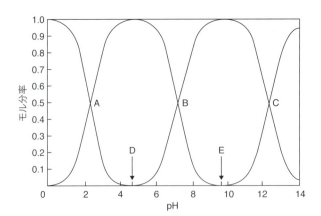

① 曲線の交点 A では，$H_3PO_4$ と $H_2PO_4^-$ のモル比は 1：1 である．

② 点 D の pH では，ほとんどが $H_2PO_4^-$ として存在し，点 E の pH では
ほとんどが $HPO_4^{2-}$ として存在している．

③ 曲線の交点 B の pH 値は，$H_2PO_4^-$ の $pK_a$ 値である．

④ pH 14 では，ほとんどが $PO_4^{3-}$ であり，$HPO_4^{2-}$ は 10％以下である．

⑤ $H_2PO_4^-$，$HPO_4^{2-}$，$PO_4^{3-}$ が同量存在するのは pH が 7 のときである．

**4.** 0.10 mol/L リン酸 400 mL と 0.20 mol/L 水酸化ナトリウム 300 mL を混
合した水溶液の 25 ℃における pH を求めなさい．ただし，リン酸の $pK_{a1}$
= 2.12，$pK_{a2}$ = 7.21，$pK_{a3}$ = 12.32（すべて 25 ℃），$\log_{10} 2 = 0.30$，
$\log_{10} 3 = 0.48$ とする．

**5.** 酢酸，クロロ酢酸，トリクロロ酢酸の酸性度の強弱を示し，理由を説明し
なさい．

**6.** 図に示したシクロヘキシルアミン（左）とアニリン（右）の塩基性を比較した
とき，どちらが強い塩基か，理由とともに述べなさい．

**7.** 窒素一つを含む芳香族複素環であるピリジン（左）とピロール（右）について，
水と反応したときの酸塩基反応を書きなさい．また，ピリジンは塩基性を
示すのに対して，ピロールはほとんど塩基性を示さない理由を説明しなさい．

**8.** 次の水溶液の pH を求めなさい．特に記載のない場合は水溶液中で完全に
電離するものとし，$\log_{10} 2 = 0.30$，$\log_{10} 3 = 0.48$ とする．

（1）0.010 mol/L 塩酸

（2）0.010 mol/L 硫酸水溶液

（3）0.0010 mol/L 水酸化ナトリウム水溶液

（4）0.020 mol/L 酢酸水溶液（$K_a$ は $1.8 \times 10^{-5}$ mol/L とする）

**9.** 弱酸 HA（$K_a = 8.0 \times 10^{-5}$ mol/L）について，次の問いに答えなさい．

（1）0.20 mol/L 水溶液の pH を求めなさい．

（2）0.20 mol/L の HA 水溶液 2 L と 0.20 mol/L 水酸化ナトリウム水溶液 1 L を混合した溶液における HA および $A^-$ の濃度を求めなさい．

（3）（2）の混合溶液の pH を求めなさい．ただし，$\log_{10} 2 = 0.30$，$\log_{10} 4 = 0.60$，$\log_{10} 8 = 0.90$ とする．

**10.** 有機溶媒中に混在している有機化合物を分離したい．用いることができる試薬は 0.1 mol/L 塩酸，0.1 mol/L 水酸化ナトリウム，0.1 mol/L 炭酸水素ナトリウム溶液，および有機溶媒の 4 種類である．以下について，それぞれどのような手順で分離操作を行ったらよいか，考えのもとになる反応式とともに説明しなさい．

（1）安息香酸とフェノール

（2）アニリンとシクロヘキサノン

（3）安息香酸とベンズアルデヒド

**11.** 次の日本薬局方医薬品のうち，水酸化ナトリウム水溶液にも希塩酸にも溶解するのはどれか．

（a）アシクロビル

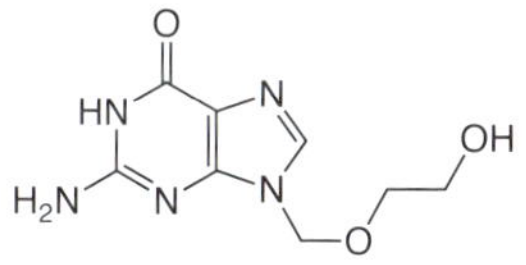

（b）アセトアミノフェン

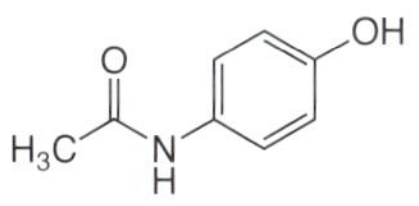

（c）イブプロフェン

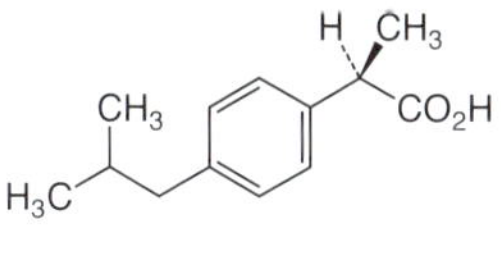

（d）サラゾスルファピリジン

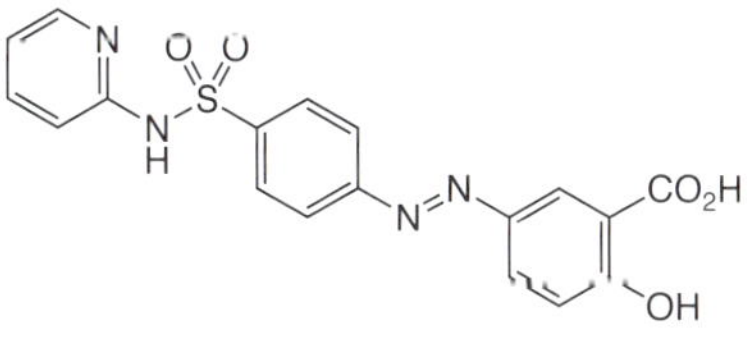

# 9章 酸化と還元

## この章で学ぶこと

◆ 酸化還元反応は電子の授受で説明できる.

◆ 酸化と還元は必ず同時に起こる.

◆ 酸化還元反応によって生体内のエネルギーが産生されている.

◆ 活性酸素は生体内で常に産生されている.

● キーワード ●

酸化剤, 還元剤, 酸化数, 電子密度, 活性酸素, 抗酸化剤

## 9.1 酸化還元反応

### 9.1.1 酸化還元の定義

鉄が錆びる, 木炭が燃えるなどの現象は, いずれも「酸素と結合する」から**酸化**（oxidation）である. 逆に, 酸素を失ってもとの形になる反応が**還元**（reduction）である. 酸化反応と還元反応の区別を表 9.1 に示した. このうち電子の授受による定義は多くの物質に適用可能なので広く利用されている.

物質またはイオンが電子を失って酸化されるとき, 放出された電子はそのまま消えてしまうわけではなく, その電子を受け取って還元される物質またはイオンが必ず存在する. すなわち, 酸化と還元は必ず同時に起こる. このことか

表 9.1　酸化反応と還元反応

| 酸化反応とは | 還元反応とは |
| --- | --- |
| 酸素と結合する<br>$C \rightarrow CO_2$ | 酸素を失う<br>$CH_3COOH \rightarrow CH_3CHO$<br>（カルボン酸→アルデヒド） |
| 水素を失う<br>$H_2S \rightarrow S$<br>$CH_3OH \rightarrow HCHO$<br>（アルコール→アルデヒド） | 水素と結合する<br>$O_2 \rightarrow H_2O$<br>$CH_3CHO \rightarrow CH_3CH_2OH$<br>（アルデヒド→アルコール） |
| 電子を失う<br>$I^- \rightarrow I_2$ | 電子を得る<br>$MnO_4^- \rightarrow Mn^{4+}$ |

ら，両者をまとめて**酸化還元反応** (oxidation-reduction reaction)，または**レ
ドックス反応**(redox reaction)と呼ぶ．

　酸化還元反応において，酸化された物質と還元された物質を見分けるには，
酸化数という概念を用いる．以下の原則に従って原子の酸化数を考え，反応の
前後で，その変化を考えるとよい．酸化数は原子がもつ電子の数を反映したも
のであり，原子が電子を失って酸化されると酸化数が大きくなり，電子を得て
還元されると酸化数が小さくなる．

① 単体の酸化数は 0
② 単原子イオンの酸化数は，そのイオンの価数に等しい
③ 電荷のない化合物のすべての原子の酸化数の合計は 0
④ 複数原子からなるイオンを構成する原子の酸化数の合計は，イオンの価数
　 に等しい．イオン性化合物の場合は，それぞれのイオンについて考える
⑤ 化合物またはイオン中の水素原子の酸化数は +1
⑥ 化合物またはイオン中の酸素原子の酸化数は原則として –2

● **例題 9.1** ●

次の反応で，下線を引いた元素の酸化数を求め，酸化・還元のどちらの反
応が起こっているか，答えなさい．

$$2K\underline{Mn}O_4 + 5H_2\underline{O_2} + 3H_2SO_4 \rightarrow 2\underline{Mn}SO_4 + 5\underline{O_2} + 8H_2O + K_2SO_4$$

**【解答例】**左辺のマンガン原子の酸化数は，上記の原則のうち④と⑥から求
めることができる．すなわち Mn の酸化数を $x$ とすると

$$x + (-2) \times 4 = -1 \quad \therefore x = -1 + 8 = +7$$

右辺のマンガンの酸化数は原則②より +2 である．すなわち，マンガン原
子の酸化数の変化は +7 → +2 であり，マンガン原子が還元されたことが
わかる．

　一方，左辺の過酸化水素の酸素原子の酸化数は，上記原則の③と⑤より
–1 であり，右辺では原則①より 0，すなわち，酸化数の変化は –1 → 0 な
ので，酸素原子は酸化されたことがわかる．

### 9.1.2　酸化剤と還元剤

　代表的な酸化剤の過マンガン酸カリウム $KMnO_4$ は，強い酸性条件で反応
すると式(9.1)のように $MnO_4^-$ から $Mn^{2+}$ になる．このとき，マンガン原子は
五つの電子を受け取って酸化数は +7 から +2 に変化し，還元されている．つ
まり，マンガン原子は相手から五つの電子を奪っているので，相手は酸化され
たことになる．**酸化剤** (oxidizing agent, oxidant)とは相手を酸化し，自身は
還元される物質である．

$$MnO_4^- + 8H^+ + 5e^- \quad \rightarrow \quad Mn^{2+} + 4H_2O \tag{9.1}$$

還元剤とは相手を還元し，自身は酸化される物質である．たとえば，式(9.2)のように酸化銅(II)を水素ガス $H_2$ と反応させて単体の銅が生成する反応では，銅原子の酸化数は +2 → 0 に変化しており，$H_2$ が **還元剤**（reducing agent, reductant）として働いたことになる．

$$CuO + H_2 \quad \rightarrow \quad Cu + H_2O \tag{9.2}$$

過酸化水素は酸化剤，還元剤の両方になり得る．式 (9.3) のように相手から電子を一つ奪って酸化数 –1 の酸素原子が酸化数 –2 に変化するときは，酸化剤として作用している．一方，反応する相手の酸化力が強ければ，過酸化水素は還元剤になる．この場合，式(9.4)のように酸素原子の酸化数は –1 から 0 に変化する．

$$2H_2\underline{O}_2 + 2H^+ + e^- \quad \rightarrow \quad 2H_2\underline{O} \tag{9.3}$$
$$2H_2\underline{O}_2 \quad \rightarrow \quad \underline{O}_2 + 2H^+ + 2e^- \tag{9.4}$$

代表的な酸化剤，還元剤を表 9.2 に，酸化還元反応にかかわる原子の酸化数

**表 9.2** 代表的な酸化剤，還元剤

| 酸化剤 | 還元剤 |
| --- | --- |
| 酸素 $O_2$, 塩素 $Cl_2$, ヨウ素 $I_2$ | 水素 $H_2$ |
| 過マンガン酸カリウム $KMnO_4$ | スズ $Sn$, マグネシウム $Mg$ |
| 次亜塩素酸ナトリウム $NaClO$ | 亜硫酸ナトリウム $Na_2SO_3$ |
| 過酸化水素 $H_2O_2$ | 過酸化水素 $H_2O_2$ |
| 硫酸 $H_2SO_4$ | 硫化水素 $H_2S$ |
| 硝酸 $HNO_3$ | 二酸化硫黄 $SO_2$ |
| 二酸化硫黄 $SO_2$ | シュウ酸 $(COOH)_2$ |

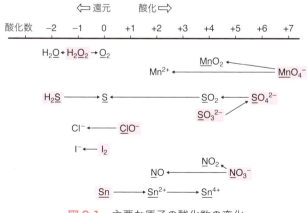

**図 9.1** 主要な原子の酸化数の変化

の変化を図 9.1 に示した．式(9.1)～(9.4)からも，酸化数の変化は授受される電子数を反映していることが明らかである．図 9.1 のそれぞれの変化においても，いくつの電子が受け渡されているかわかるだろう．

### 9.1.3　酸化還元滴定

　濃度未知の物質に酸化作用または還元作用がある場合，濃度既知の酸化剤または還元剤の溶液を使って，定量することができる．これを**酸化還元滴定**(oxidation-reduction titration)と呼ぶ．たとえば，過酸化水素水の濃度を過マンガン酸カリウム溶液で滴定することができる．この方法は日本薬局方「オキシドール」の定量法として定められている．原理になる反応は例題 9.1 の通りである．

▶オキシドール
2.5～3.5 w/v％の過酸化水素を含む水溶液で，皮膚などの殺菌，消毒に用いられる医薬品である．

## 9.2　有機化合物の酸化と還元

### 9.2.1　さまざまな酸化反応，還元反応

　有機化合物の性質を特徴づける原子団(官能基)は，酸化還元反応で別の特徴をもつ官能基に変換できる．たとえば，トルエン $C_6H_5CH_3$ を酸化すると安息香酸 $C_6H_5COOH$ が得られ，ニトロベンゼン $C_6H_5NO_2$ を還元するとアニリン $C_6H_5NH_2$ が生成する(図 9.2)．

　有機反応で用いられる酸化剤には，メタクロロ過安息香酸（*m*-chloro-

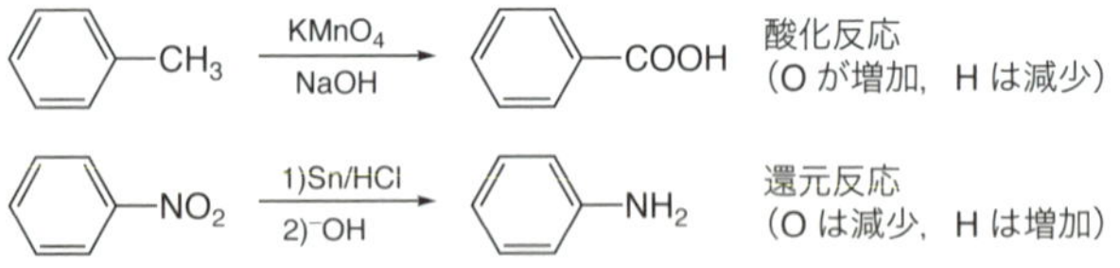

　　　　　　　　　　　　　　　酸化反応
　　　　　　　　　　　　　　　(O が増加，H は減少)

　　　　　　　　　　　　　　　還元反応
　　　　　　　　　　　　　　　(O は減少，H は増加)

**図 9.2**　有機化合物の酸化と還元

---

*topic*

### ● 電池の仕組み ●

　電池は，酸化還元反応で生じるエネルギー（化学エネルギー）を電流（電気エネルギー）として取り出す装置であり，酸化還元反応を応用した代表例の一つです．たとえば，銅と亜鉛を組み合わせたダニエル電池を考えてみましょう．一方の極では電気陰性度の大きな亜鉛が電子を放出して亜鉛(II)イオンになる酸化反応($Zn \rightarrow Zn^{2+} + 2e^-$)が起こります．この電子は塩橋を伝わってもう一方の極に移動し，そこでは銅(II)イオンが電子を受け取る還元反応($Cu^{2+} + 2e^- \rightarrow Cu$)が起きます．このとき，電子を供給する極を負極，電子が失われる極を正極としますから，ダニエル電池全体の電池式は以下のように表します．

$$(-)\ Zn\ |\ ZnSO_4aq\ \|\ CuSO_4aq\ |\ Cu\ (+)$$

　なお，電極を指す用語に「陽極／陰極」がありますが，電池の場合は定義を混同することを避け，一般に「正極／負極」が使われています．生活の中では多くの電池が使われています．目の前にある電池の中でどのような化学反応が起こっているか，確認してみてはいかがでしょうか．

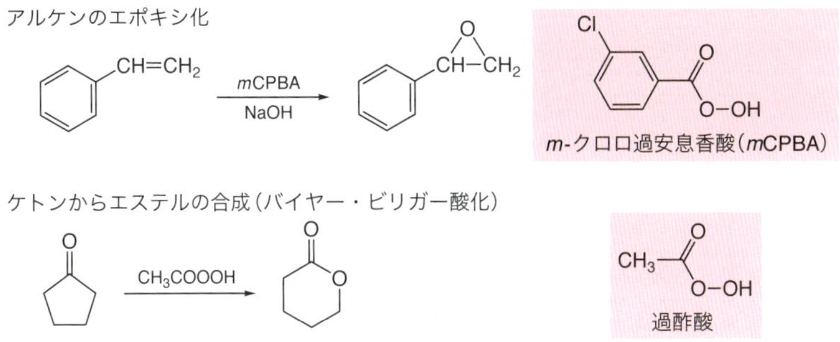

アルケンのエポキシ化

$$CH=CH_2 \xrightarrow[\text{NaOH}]{m\text{CPBA}} CH-CH_2$$

*m*-クロロ過安息香酸（*m*CPBA）

ケトンからエステルの合成（バイヤー・ビリガー酸化）

$$\xrightarrow{CH_3COOOH}$$

過酢酸

**図 9.3**　過酸の構造と酸化反応の例
いずれの反応でも酸素が添加されている.

▶エポキシ化
酸素 1 原子と炭素 2 原子からなる環状構造をエポキシド（epoxide）といい，エポキシドを生成する過程をエポキシ化（epoxidation）と呼ぶ.

perbenzoic acid, *m*CPBA）や過酢酸がある．これらの過酸は分子中の酸素原子を別の分子に添加し，図 9.3 のような反応を起こす．一方，還元剤としてよく利用される物質は水素化アルミニウムリチウム LiAlH$_4$ や水素化ホウ素ナトリウム NaBH$_4$ である．この二つの試薬を使った反応では，3 族元素のアルミニウムまたはホウ素に四つの水素原子が結合しているイオンから，非共有電子対をもつ水素陰イオン（ヒドリド，hydride）が反応相手に供与される（図 9.4）．これは，アルミニウムよりも水素のほうが電気陰性度が高いためである．このような水素原子を供与する還元剤のことをヒドリド試薬と呼び，ケトンやアルデヒドをアルコールへ還元するときなどに利用される．

▶過酸
*m*CPBA や過酢酸のような過カルボン酸のほかに，過硫酸などもある.

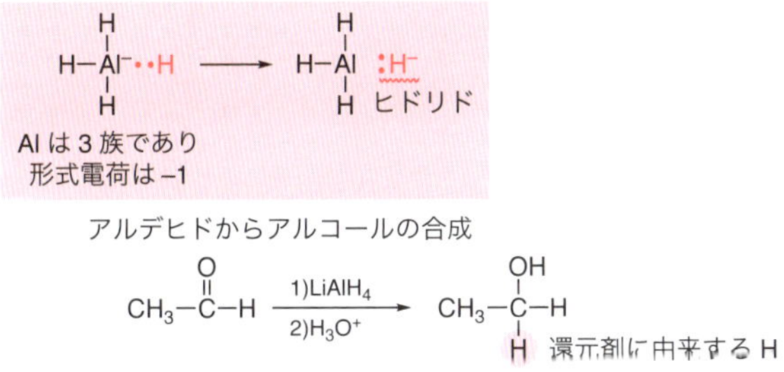

$$H-\overset{\overset{\displaystyle H}{|}}{\underset{\underset{\displaystyle H}{|}}{Al}}\cdots H \longrightarrow H-\overset{\overset{\displaystyle H}{|}}{\underset{\underset{\displaystyle H}{|}}{Al}}\quad :H^-\ \text{ヒドリド}$$

Al は 3 族であり
形式電荷は −1

アルデヒドからアルコールの合成

$$CH_3-\overset{\overset{\displaystyle O}{\|}}{C}-H \xrightarrow[2)H_3O^+]{1)LiAlH_4} CH_3-\overset{\overset{\displaystyle OH}{|}}{\underset{\underset{\displaystyle H}{|}}{C}}-H \quad \text{還元剤に由来する H}$$

**図 9.4**　ヒドリド試薬が水素を供与する仕組みと，還元反応の例

topic

## ● 漂白剤の作用 ●

　漂白剤は酸化型と還元型に分類されます．酸化型漂白剤には塩素系漂白剤である次亜塩素酸ナトリウム NaClO や酸素系漂白剤である過酸化水素などが含まれ，酸化作用によって相手の分子から電子を奪って着色分子の色素構造を変えてしまいます．一方，還元型漂白剤には亜ジチオン酸ナトリウム（次亜硫酸ナトリウム）Na$_2$S$_2$O$_4$ などが含まれ，還元作用によって色素を無色化します．色素が有機化合物の場合，その分子が完全に分解されるのではなく，二重結合などの一部の構造が変化して色のつかない構造になるのです．

### 9.2.2 有機化合物の酸化の度合い

前節では，酸化数を酸化還元反応の方向を決める指標とした．しかし有機化合物では，一つの分子中に存在する原子でも環境が異なる場合が多く，各原子についての電子の授受を単純に考えるのは難しい．このため，それぞれの共有電子対を電気陰性度の差に従って便宜的に二つの原子に割り振ったものを酸化数とする．

たとえばエタン $C_2H_6$ を考えてみよう．構造式から明らかなように，一つの炭素原子には水素原子3個と炭素原子1個が結合している．ここで電気陰性度は H < C なので結合電子を二つとも炭素のものとすると，水素は電子が一つ不足するので酸化数は +1，炭素はもとよりも三つ多くなるので酸化数 –3 と考える（図 9.5 a）．エタノールの場合は，電気陰性度が H < C < O なので，図 9.5（b）の□で囲った炭素原子は H から結合電子が 2 個移動し，O へ 1 個移動するので，合計すると酸化数 –1 になる．このように考えると，アルコール→アルデヒド→カルボン酸の変化では，炭素原子の酸化数が徐々に大きくなり，酸化反応であることを矛盾なく考えることができる（図 9.5 b）．

▶電気陰性度
　　H　2.2
　　C　2.6
　（第3章図3.5）

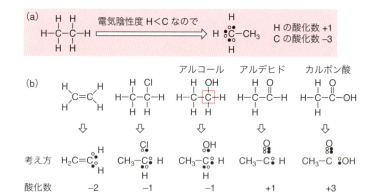

図 9.5　有機化合物中の炭素原子の酸化数

---

## ● 酸化還元を電子密度で考える ●

ほとんどの反応の場合，構造の変化を見ると酸化還元の方向を判断できます．たとえば，エタンからエチレンを生成する反応やエタノールからアセトアルデヒドの生成する反応は脱水素反応なので酸化反応です．アセトアルデヒドから酢酸への変化は酸素が付加されていますので，酸化反応の定義にあてはまります．このとき炭素原子は，炭素よりも電気陰性度が低い水素がなくなったり，炭素よりも電気陰性度の高い酸素やハロゲンが結合したりするため，電子密度が小さくなった状態になります．このように炭素の電子密度が低下する反応を酸化反応，逆に炭素の電子密度が上昇する反応を還元反応と考えることもできるのです．

● 例題 9.2 ●

次の反応は，酸化反応，還元反応のいずれか答えよ．

(1) $CH_2=CH_2 + H_2 \rightarrow CH_3-CH_3$

(2) $CH_2=CH_2 + Cl_2 \rightarrow CH_2Cl-CH_2Cl$

【解答例】炭素の酸化数を求めると，エチレン $-2$，エタン $-3$，1,2-ジクロロエタン $-1$ になる．(1)の反応は酸化数が $-2 \rightarrow -3$ と減少する還元反応，(2)は $-2 \rightarrow -1$ と増加する酸化反応である．

炭素原子の電子密度で考えると，(1)の反応では炭素よりも電気陰性度の低い H が付加して炭素の電子密度は上昇することから還元反応，(2)の反応では電気陰性度の高い Cl が結合するので炭素は電子不足となり酸化反応である．

### 9.2.3　生体内での酸化還元反応

生体内では，エネルギーを産生したり，体に取り込まれた異物を排除したりして生体機能を維持するために，さまざまな反応が起こっている．このような反応系のことを**代謝**（metabolism）と呼ぶ．ヒトは，解糖系，クエン酸回路，電子伝達系などの多くの独立した代謝経路によってグルコースから ATP を産生する．

生体内には代謝を効率よく進めるため，さまざまな酵素が存在している．このうち，酸化還元反応に関与する酵素のことを**酸化還元酵素**（redox enzyme）と呼ぶ．酸化還元酵素の活性中心には遷移金属イオンが配位していて，電子の授受，すなわち電子伝達の役割を担っている．また，酸化還元酵素とともに働く分子（**補酵素** coenzyme）に $NAD^+$（nicotinamide adenine dinucleotide）がある．この分子は図 9.6 のように二つの電子を受け取って，つまり還元され

▶ ATP
アデノシン 5′-三リン酸（adenosine 5′-triphosphate）ATP は生体内の化学反応のエネルギー源である．ATP からリン酸が一つ離れてアデノシン 5′-二リン酸（ADP）になるときにエネルギーが放出される．このエネルギーが他の化学反応に利用される．

▶酸化還元酵素は，脱水素酵素（デヒドロゲナーゼ），酸化酵素（オキシダーゼ）などに分類される．薬物代謝を担うシトクロム P450 や過酸化水素を分解するカタラーゼも酸化還元酵素である．

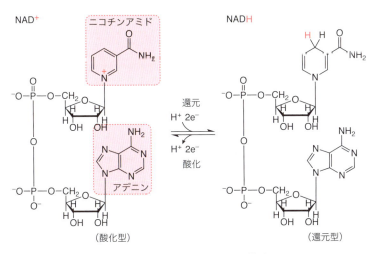

図 9.6　$NAD^+$ と NADH の構造

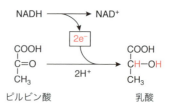

**図9.7** 嫌気的条件での乳酸の生成

て NADH になるが，NADH は再び二つの電子を放出して NAD$^+$ を再生する．図9.6で，両者の構造の違いが水素原子1個分であることを確認してみよう．この反応は両方向ともにさまざまな代謝経路に組み込まれている．たとえば嫌気的条件下では図9.7のように電子の移動が起こってピルビン酸から乳酸が生成する．

▶ 異 物 代 謝（xenobiotic metabolism）という．対象が医薬品の場合は薬物代謝（drug metabolism）と呼ばれる．

　生体内では，エネルギー代謝の他に，体に侵入した異物を排除するための代謝も起こる．恒常性維持とは関係のない物質が生体内に取り込まれた場合，これらの構造を変換する．たとえばエタノールが体内に入ると，図9.8のように酵素によって段階的に代謝されて酢酸を生じる．第一段階では水素が失われ，第二段階では酸素が結合していることから，いずれも酸化反応である．また，医薬品の中には体内で酸化反応または還元反応を受けることによって初めて作用を示すものもある．代謝には多くの酸化還元反応が関与しており，それぞれ酸化的代謝，還元的代謝と呼ばれる．

$$H_3C-\overset{H}{\underset{H}{C}}-OH \xrightarrow{\substack{\text{アルコール}\\\text{脱水素酵素}}} H_3C-\overset{H}{C}=O \xrightarrow{\substack{\text{アルデヒド}\\\text{脱水素酵素}}} H_3C-\overset{OH}{C}=O$$

**図9.8** エタノールの酸化的代謝

## 9.3　活性酸素の生成と消去

### 9.3.1　酸素分子の反応性

　空気中で鉄が錆びる，食用油が劣化する，などの現象は酸素のない条件では起こらない．缶入飲料に窒素が封入されているのは品質の劣化を防ぐためであ

### ● 酸化剤の殺菌作用 ●

　消毒薬には酸化剤という分類があります．これらは酸化作用によって対象となる細菌類の機能を阻害することで殺菌効果を示します．過酸化水素，オゾン，過酢酸，グルタルアルデヒド，次亜塩素酸などは，使用する濃度や対象物などが異なりますが，実際に医療現場で消毒・滅菌を目的として使用されています．

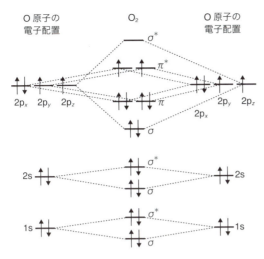

**図 9.9** 酸素分子の分子軌道(中央)と電子の配置

る．さまざまな実験においても空気の影響を取り除く必要があるときは，容器の中を窒素やアルゴンで置換することが行われる．

　このように酸素が反応性の高い分子であるのは，酸素分子の電子配置に起因している．酸素分子 $O_2$ は O=O と表されることがあるが，実際には二つの O の原子軌道から図 9.9 のような分子軌道が組み立てられて 2 原子分の合計 16 個の電子が収容されている．第 4 章で学んだ規則に従って電子を分子軌道に配置していくと，HOMO (第 5 章)の電子は対をなすことができない．このように酸素分子は二つの不対電子をもつラジカル (radical) なので反応性に富んでいる．窒素分子では，電子の総数が 2 個少なく合計 14 個なので，配置される電子はすべて対になり，酸素分子より化学的に安定である．

### 9.3.2 活性酸素とは

　図 9.9 のように酸素分子は不対電子をもち外部から電子を受け入れやすい状態になっているため，電子の受容体として働く．酸素分子が電子を受けとる段階的な過程 (図 9.10) で産生されるスーパーオキシドアニオン $O_2^{-}$，過酸化水素 $H_2O_2$，ヒドロキシルラジカル $\cdot OH$ は，もとの酸素分子よりもさらに反応性が高く，**活性酸素種** (Reactive Oxygen Species；ROS) と呼ばれる．ROS は相手から電子を奪うので，酸化剤に分類される．

▶ スーパーオキシドアニオン $O_2$ が 1 電子を受け取り不対電子がもう 1 個残っている状態．$O_2$ より電子が多く，負電荷をもち，かつラジカルである．このためスーパーオキシドアニオンラジカルと呼ばれることがある．

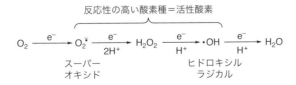

**図 9.10** 酸素分子から水分子への 4 電子還元

ROS は生体内で常に生成しており，外来の細菌から体を守るために役立っている．しかし，外的因子によって ROS が生じ，細胞の構成成分と反応して，細胞が傷つくこともある．これが蓄積すると，病気の発症や老化に影響する．

### 9.3.3 活性酸素消去系と抗酸化剤

前項で述べたように，活性酸素は過剰に発生すると有害である．このため生体内には，活性酸素から細胞を防御する仕組みや活性酸素を消去する役割をもつさまざまな物質が存在する（図 9.11）．酸素分子から最初に生成する $O_2^{-}$ は，スーパーオキシドジスムターゼ（superoxide dismutase, SOD）という酵素によって過酸化水素と酸素へ分解される．ここで生成する過酸化水素を分解する酵素にはカタラーゼなどがある．

▶フリーラジカル
不対電子をもち，化学的に反応性が高い分子をフリーラジカル（free radical）と呼ぶ．アスコルビン酸やトコフェロールなどはフリーラジカルを安定化させる構造をもつため，抗酸化作用を示す．

▶アスコルビン酸

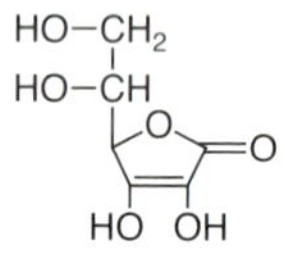

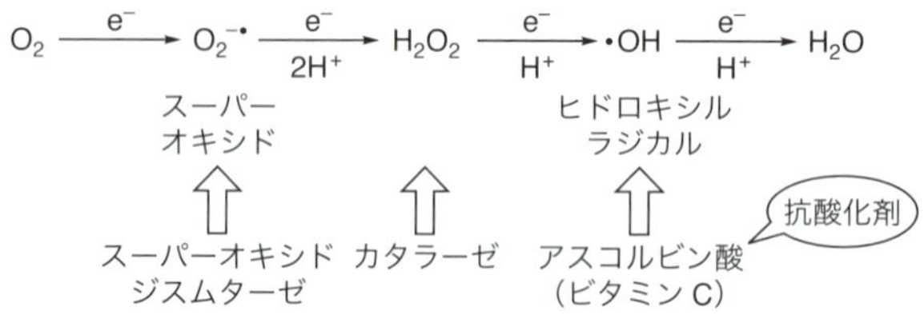

▶トコフェロール

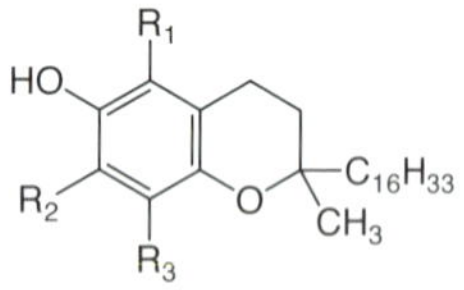

構造中の $R_1 \sim R_3$ がすべてメチル基のものを α-トコフェロールと呼ぶ.

**図 9.11** 生体内の活性酸素消去系

ヒドロキシルラジカル ・OH は ROS の中で最も反応性が高く，1電子を受け取って水酸化物イオン ⁻OH になりやすい．水溶性ビタミンの一つのアスコルビン酸（ビタミン C）は，自身が酸化されて相手を還元する物質であり，ヒドロキシルラジカルやスーパーオキシドアニオンと反応する．このように，ラジカルを消去する物質であるラジカル捕捉剤（radical scavenger）を抗酸化剤（anti-oxidant）と呼ぶ．脂溶性ビタミンであるトコフェロール（ビタミン E）も体の中で重要な役割を果たしている抗酸化剤である．

---

## topic ● 活性窒素とは？ ●

活性酸素（ROS）とともに注目されている反応性の高い分子に活性窒素（Reactive nitrogen species；RNS）があります．代表的な RNS は一酸化窒素 NO です．NO は電気的には中性ですが，二つの原子の最外殻電子数が奇数（5 + 6 = 11）なのでフリーラジカルとしての挙動を示します．NO は非常に不安定な分子ですが，生体内でアルギニンを原料にして合成されます．そして正常な状態では NO は神経伝達物質の一つとして，非常に重要な役割を果たしています．また血管拡張作用があるので，NO を少しずつ放出する

医薬品が開発されています（この機能の発見で 1998 年のノーベル生理学・医学賞がムラド，ファーチゴット，イグナロの3名に授与されました）．さらに生体外からの異物を排除するときにも NO が産生されることがわかっています．

良いことだけのようですが，NO がスーパーオキシドと反応して生成するペルオキシ亜硝酸（peroxynitrite）は，非常に反応性が高く，生体に酸化ストレスをかける分子になります．何でも量と加減が重要であるということでしょう．

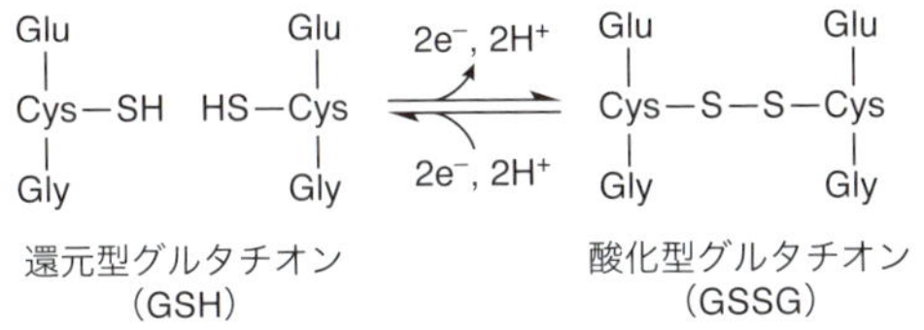

**図 9.12** グルタチオンの酸化還元反応

▶ Glu；グルタミン酸
Cys；システイン
Gly；グリシン

　この他に，三つのアミノ酸が共有結合したグルタチオン（L-γ-glutamyl-L-cysteinylglycine, GSH）がある．GSH の構造中の SH 基は生体内で活性酸素に電子を与え，自らはジスルフィド結合を生成する．つまり，還元型グルタチオン（GSH）から酸化型グルタチオン（GSSG）になることで，抗酸化作用を示す（図 9.12）．細胞中には，グルタチオンレダクターゼという還元酵素があり，GSSG から GSH を再生して GSH の機能を維持している．

　生体内で発生するフリーラジカルが消去できないほど大量に発生すると，組織へ深刻なダメージを与えることになる．脳梗塞などの脳虚血性疾患が起こった後，再び脳に血液が流れるとき（これを再灌流という），フリーラジカルの発生量が多くなることがわかった．これに対して開発された医薬品がエダラボン（商品名ラジカット）である．エダラボンはヒドロキシルラジカルなどのフリーラジカルを消去する作用をもち，世界初の脳保護剤として使用されている．

## 確 認 問 題

1. 9.1.1 項で示した酸化数の原則①〜⑥それぞれについて，具体的な物質またはイオンを示しながら説明しなさい．

2. 表 9.2 にある酸化剤，還元剤について，電子の授受に関係する原子の酸化数を考え，図 9.1 を参考にしながら半反応式を書きなさい．

3. 下線で示した元素の酸化数を求めなさい．

$$\underline{Cr}O_3 \quad \underline{Mn}O_2 \quad K_3[\underline{Fe}(CN)_6] \quad \underline{Cu}SO_4 \quad \underline{Ag}_2O \quad \underline{Ti}O_2$$

4. 次の窒素化合物について，窒素原子の酸化数を求めなさい．

　　一酸化二窒素　　一酸化窒素　　二酸化窒素　　亜硝酸　　硝酸

*topic*

### ● 食品添加物としての抗酸化剤 ●

　食品の保存中に起きる酸化反応によって変色したり風味が劣化しないように添加することが認められている抗酸化剤があります．たとえば植物油にはトコフェロール，清涼飲料水にはカテキン類が添加されていま す．この他にもアスコルビン酸やエリソルビン酸などが使用を許可されています．食品の表示成分に酸化防止剤が含まれていたら，どの構造が酸化還元反応に関わるか考えてみましょう．

5. 次の記述の正誤を示し，誤っている場合は正しく直しなさい．
   (1) 殺菌薬として用いられるオキシドールは，酸化作用と還元作用をもつ．
   (2) チオ硫酸ナトリウムは，その酸化作用により解毒薬として用いられる．
   (3) $KClO_3$ には酸化作用はない．
   (4) 殺菌・消毒薬として用いられるサラシ粉の次亜塩素酸イオンにおける塩素原子の酸化数は，+1 である．
   (5) 硝酸中の窒素の酸化数は，+4 である．
   (6) ビタミン E はフェノール性ヒドロキシ基をもつため，生体内で抗酸化作用を示す．
   (7) グルタチオンは，還元剤として働く．

6. 次の記述の正誤を示し，誤っている場合は正しく直しなさい．
   (1) エタンからエチレンへの反応は酸化反応である．
   (2) クロロメタンからメタンへの反応は還元反応である．
   (3) エチレンから 1,2-ジクロロエタンへの反応は還元反応である．
   (4) エチレンからエタノールへの反応は，還元反応である．

7. ブチルヒドロキシトルエン（BHT）は，油脂などに添加される抗酸化剤である．BHT の構造にどのような特徴があるか，説明しなさい．

8. クエン酸回路や電子伝達系に含まれる酸化還元反応について，関与している酵素の中心金属や基質の構造の変化を確認し，電子の授受がどのように起こっているか説明しなさい．

# 10章 有機化合物の命名法

## この章で学ぶこと

◆ 多くの慣用名は，発見の由来などに従ってつけられている．
◆ 化合物を命名するための国際的な共通ルールがある．
◆ 共通命名規則を理解すると，化合物の構造がわかり，性質を推定できる．
◆ 医薬品の名称として構造を表す名前の一部が利用されている場合がある．

● キーワード ●

IUPAC 命名法，官能基，慣用名，立体配置

☞ コア・カリを Check
C-3 薬学の中の有機化学
　C-3-1 物質の基本的性質

## 10.1 慣用名と系統名

生活や医療の中で用いられる有機化合物の名称は，発見の由来などに基づいていることが多い．たとえば $CH_3COOH$ という物質は「食酢（ラテン語で *acetum*）」に含まれるので酢酸（acetic acid）と名づけられた．このように習慣的に使用される名前を**慣用名**という．

しかし，無数ともいえる化学物質すべてに慣用名をつけることは不可能である．そこで，体系的に名前をつける方法が考え出された．**IUPAC 命名法**は，有機化合物や無機化合物などを体系的に命名するために，国際純正・応用化学連合（International Union of Pure and Applied Chemistry；IUPAC）が推

### 表 10.1 慣用名と系統名の例

| 構造式 | 慣用名 | | 由来(ラテン語) | 系統名 | |
|---|---|---|---|---|---|
| HCOOH | ギ酸 | formic acid | 蟻(*formica*) | メタン酸 | methanoic acid |
| $CH_3COOH$ | 酢酸 | acetic acid | 食酢(*acetum*) | エタン酸 | ethanoic acid |
| $CH_3CH_2CH_2COOH$ | 酪酸 | butyric acid | バター(*butyrum*) | ブタン酸 | butanoic acid |
| （構造式：COOH, OH のベンゼン環） | サリチル酸 | salicylic acid | 柳(*salix*) | 2-ヒドロキシ安息香酸 2-hydroxybenzoic acid | |

奨している共通のルールである．たとえば上記の酢酸は，炭素数2個のカルボン酸なのでエタンの誘導体としてエタン酸（ethanoic acid）と名づける．表10.1にいくつかの有機化合物の慣用名と系統名を示す．「酢酸」などのいくつかの慣用名は，一般に使用することが認められている．

## 10.2　IUPAC 命名法の概要

IUPAC 命名法には置換命名法，基官能命名法，代置命名法など，いくつかの体系がある．本節ではこの中から，主に置換命名法を説明する．置換命名法とは，有機化合物を炭化水素または芳香族化合物の誘導体として命名する体系であり，どのような官能基が，どのような炭素骨格のどこに，いくつ置換しているのかを考えて名づけていく．

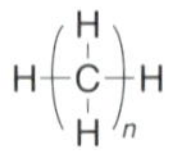

### 10.2.1　官能基の種類と優先順位

官能基（functional group）とは，有機化合物の性質（機能）を決める置換基のことである．たとえばヒドロキシ基 OH をもつエタノールは，水分子と水素結合できるため水と混和する．カルボキシ基 COOH，アミノ基 $NH_2$ は，それぞれ酸性，塩基性を示す官能基である．

有機化合物の IUPAC 名を見れば，その物質がどのような官能基をもっているのかが容易に判別できる．これは，それぞれの官能基を表す命名法が定義されているためである．たとえば，エタノール（ethanol）は，エタン（ethane）にアルコール（–OH）を意味する -ol という接尾語をつけた名称である．ここから，炭素数2個のアルコールだということがわかる．ethane + ol と命名するときに「＋」の前後の「e」と「o」で母音が続くため，「e」が省略される．

カルボン酸も同様に命名できる．カルボン酸（–COOH）を表す接尾語は -oic acid であるから，酢酸 $CH_3COOH$（$C_2H_4O_2$）の系統名は ethane + oic acid → ethanoic acid になる．

化合物に二つ以上の官能基があるときは，一つが接尾語，残りの官能基は接頭語として命名される．この際，最も優先順位の高い官能基を接尾語にする．この優先順位を表10.2に示した．たとえば $Cl\text{-}CH_2CH_2OH$ という化合物の場合は，優先順位が OH ＞ Cl であるため，アルコールとして命名する．すなわち -ol が接尾語になり，2-クロロエタノールと名づけられる．

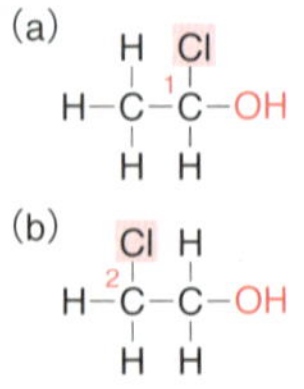

### 10.2.2　炭素骨格と置換基の位置

クロロエタノールという名称からは，エタノールの構造中の一つの水素原子が塩素原子に置換したことがわかる．しかし，図10.1の構造のうちのどちらなのかを特定することはできない．このため，二つの炭素のどちらに塩素原子が結合しているかを示す位置番号が必要になる．このとき，官能基が結合している炭素原子の位置番号が小さくなるように番号づけする．図10.1では，

▶炭化水素
炭素原子と水素原子のみからなる有機化合物の総称である．メタンをはじめとする鎖状の飽和炭化水素の一般式は $C_nH_{2n+2}$ である．

(a)
　H　Cl
H–C¹–C–OH
　H　H

(b)
　Cl　H
H–C²–C–OH
　H　H

図10.1　2種類のクロロエタノール
(a) 1-クロロエタノール
(b) 2-クロロエタノール

**表10.2** 主な官能基の優先順位

| 順位 | 名称 | 構造 | 接頭語 | 接尾語 |
|---|---|---|---|---|
| 1 | 陽イオン | | | -onium |
| 2 | カルボン酸 | $-COOH$ | carboxy | -oic acid<br>-carboxylic acid[**] |
| | スルホン酸 | $-SO_3H$ | sulfo | -sulfonic acid |
| 3 | エステル | $\overset{O}{\overset{\|}{-C}}-O-R$ | alkyloxycarbonyl | alkyl -oate<br>alkyl -carboxylate[**]　R；アルキル基 |
| | アミド | $\overset{O}{\overset{\|}{-C}}-N\big<$ | carbamoyl | -amide<br>-carboxamide[**] |
| 4 | ニトリル | $-C\equiv N$ | cyano | -nitrile<br>-carbonitrile[**] |
| 5 | アルデヒド | $\overset{O}{\overset{\|}{-C}}-H$ | formyl<br>oxo | -al<br>-carbaldehyde[**] |
| 6 | ケトン | $\overset{O}{\overset{\|}{-C}}-$ | oxo | -one |
| 7 | アルコール<br>フェノール | $-OH$ | hydroxy | -ol |
| 8 | アミン | $-NH_2$ | amino | -amine |
| 9 | アルケン | $\big>C=C\big<$ | alkenyl | -ene |
| 10 | アルキン | $-C\equiv C-$ | alkynyl | -yne |
| O | エーテル[*] | $-O-$ | alkyloxy | |
| | ハロゲン | $-F, -Cl,$<br>$-Br, -I$ | fluoro, chloro,<br>bromo, iodo | 接頭語のみが使われる |
| | ニトロ | $-NO_2$ | nitro | |

[*]単純なエーテル $C_2H_5\text{-}O\text{-}C_2H_5$ などでは diethyl ether という名称が用いられることがある.
これを基官命名法という.
[**]官能基中の炭素原子を炭化水素の炭素数として数えられない場合に用いる.

例 ⬡—COOH cyclohexanecarboxylic acid (cyclohexanoic acid ではない).

–OH がついている右側の炭素原子が番号1となる. よって, (a)は1-クロロエタノール, (b)は2-クロロエタノールと命名する.

　飽和炭化水素の場合, 炭素原子が4個以上になると枝分かれ構造が可能になる (図10.2). 直鎖状につながった $CH_3CH_2CH_2CH_3$ の名称はブタン (butane) である. 一方, 枝分かれした構造 $CH_3CH(CH_3)CH_3$ の場合は, 炭

**図10.2** 炭素数4の炭化水素の命名

▶エステルの成り立ち

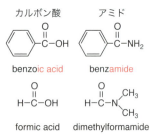

CH₃-C-OH　H-OC₂H₅
acetic acid　ethanol

⇩ 脱水縮合

CH₃-C-OC₂H₅
ethyl acetate

カルボン酸の慣用名は接尾語が
-ic acid である.

▶アミドの命名

カルボン酸　　　アミド

benzoic acid　　benzamide

H-C-OH　　H-C-N(CH₃)₂
formic acid　dimethylformamide

素数 3 のプロパン $CH_3CH_2CH_3$ にメチル基が結合したと考えて 2-メチルプロパン (2-methylpropane) と名づける. このときの「2」という数字は, プロパンの 2 番目の炭素にメチル基が結合していることを示す位置番号である.

他の例としては, 表 10.1 にあるサリチル酸の IUPAC 名がある. 2-ヒドロキシ安息香酸の「2」という数字は, カルボキシ基が置換したベンゼン環の炭素を 1 位としたとき, 隣の 2 位の炭素にヒドロキシ基が結合していることを意味する.

### 10.2.3　カルボン酸誘導体の命名

最も優先順位が高い官能基がエステルやアミドの場合, もとになるカルボン酸の誘導体として名づける. たとえば $CH_3\text{-}CO\text{-}OC_2H_5$ は, 酢酸とエタノールからなるエステルであるため, 酢酸 acetic acid の誘導体として <u>ethyl acetate</u>（酢酸エチル）という名前になる. アミドの場合, $CH_3CH_2\text{-}CO\text{-}NH_2$ は炭素数 3 のプロピオン酸の誘導体となり, propionic acid → propion<u>amide</u>（プロピオンアミド）になる. また, ベンゼン環にカルボキシ基が直接結合した化合物は安息香酸（benzoic acid）であるから, 誘導体のアミドはベンズアミド（benzamide）という名称になる.

医薬品にはカルボン酸, エステル, アミドの構造をもつものが多い. さまざまな医薬品の構造と名称を確認してみよう.

## 10.3　立体配置の表し方

### 10.3.1　絶対配置による表記

ブタン（$CH_3\text{-}CH_2\text{-}CH_2\text{-}CH_3$）と 2-メチルプロパン（$CH_3\text{-}CH(CH_3)\text{-}CH_3$）, エタノール（$CH_3\text{-}CH_2\text{-}OH$）とジメチルエーテル（$CH_3\text{-}O\text{-}CH_3$）は, それぞれ同じ分子式でも原子の配列順序が異なる**構造異性体**（structural isomer）である. これに対して, 原子の配列順序は同一でも, 空間的な配列が異なる異性体を**立**

---

### topic　● α-アミノ酸の α って？ ●

置換基の位置を示す記号として, α, β, ω などのギリシャ文字が使われることがあります. α（アルファ）位は着目している官能基が結合している炭素の位置を表します. アミノ酸の場合, 着目しているカルボキシ基の隣の炭素が α 位になり, そこにアミノ基がある構造を α-アミノ酸と呼びます.

β（ベータ）位は「二つ隣」を表します. ペニシリンなどは β-ラクタム系抗生物質と呼ばれますが, これはカルボニル基の二つ隣の β 炭素がアミド構造の N 原子に結合した環状アミド構造（ラクタム）をもつからです.

ギリシャ文字の α, β は糖質などの立体を示したり, タンパク質の二次構造にも含まれたりしていますね. それぞれ意味が違いますから, 気をつけましょう.

$$\underset{}{CH_3\text{-}CH_2\text{-}\overset{\alpha}{\underset{NH_2}{CH}}\text{-}COOH}$$

α-アミノ酸

$$CH_3\text{-}\overset{\beta}{\underset{NH_2}{CH}}\text{-}\overset{\alpha}{CH_2}\text{-}COOH$$

β-アミノ酸

β-ラクタム

体異性体（stereoisomer）と呼ぶ．有機化合物では，炭素原子に結合する置換基がすべて異なる場合，その炭素原子は**不斉炭素（キラル炭素）**と呼ばれ，一対の**鏡像異性体，エナンチオマー**（enantiomer）が存在する．有機化合物が生体に作用するとき，鏡像異性体の一方のみが活性を示したり，立体異性体によって作用が異なったりすることがある．このため，化合物に立体異性体が存在するときは，それらを区別して命名する必要がある．

　Cahn, Ingold, Prelog の**順位則**（CIP 順位則）は立体異性体の**絶対配置**（absolute configuration）を表すときの規則であり，次の順序で置換基の優先順位を考えていく（図 10.3）．

(1) 二つの置換基の中心原子の原子番号を比較する（たとえば H < C < O）　原子番号が同じ同位体は質量数が大きいほうが優先順位が高い（たとえば $^2$H > $^1$H）

(2) 同じ種類の原子の場合は，その先に結合している原子を比べる（たとえば図 10.3 の炭素原子どうしは $C_{OHH}$ > $C_{HHH}$）

(3) 二重結合がある場合は，同じものが二つ結合しているとみなす

(4) 順位が決まらないときは，優先順位の高い置換基を先にたどっていく

(5) 一度順位が決まったら，その先は関係ない（もう見ない）

不斉中心の絶対配置は *R/S* で表す．すなわち，CIP 順位則でキラル炭素に結合した置換基に①〜④までの順位をつけ，最も優先順位の低い置換基（④）を奥に置いたときの①〜③の位置関係が右回り（時計回り）のときは *R*，左回り（反時計回り）のときは *S* になる．一対のエナンチオマー（鏡像異性体）の一方が *R* 配置であれば，もう一方は *S* 配置になる．

*R*（rectus）　*S*（sinister）

▶ *R* と *S*
*rectus* はラテン語で「右」，
*sinister* はラテン語で「左」．

**図 10.3　置換基の優先順位と絶対配置**

　立体異性体には，鏡像の関係にないものもあり，それを**ジアステレオマー**（diastereomer）と呼ぶ．ジアステレオマーの一種に，二重結合に結合する置換基の位置関係が異なる**幾何異性体**（geometric isomer）がある．

　幾何異性体は *E/Z* 表記で区別する．CIP 順位則に従って二重結合のそれぞれの炭素原子に結合する二つずつの置換基の順位をつけ，①どうしが二重結合の同じ側に位置するときは *Z* 配置，①どうしが二重結合の反対側にあるときは *E* 配置とする．これらの語源はそれぞれドイツ語の zusammen（同じ），entgegen（反対）である．

### 10.3.2　相対配置による表記

分子内の特定の原子の絶対配置を示す *R/S*, *E/Z* 表記に対して，分子全体の特性から**相対配置**（relative configuration）を決めて名づける方法がある．たとえば化合物の旋光度を測定したとき，測定値の符号が＋であれば *d* 体（dextrorotatory；右旋性）または(+)体，－であれば *l* 体（levorotatory；左旋性）または(−)体とする．

構造式を描いたときの相対的な位置関係で立体配置を区別して名づける場合もある．たとえば，アルケンや環状化合物では ***cis/trans*** 表示が利用され（図 10.4），糖類やアミノ酸では基準となる化合物との構造の比較で決定する D/L 表示が利用されている（図 10.5）．図 10.5 の「β-D-(+)-グルコース」という名称は，環状構造の 1 位ヒドロキシ基の向きから β 形，鎖状構造をフィッシャー投影式で描いたときホルミル基（CHO）から最も遠いキラル炭素のヒドロキシ基の向きが D-グリセルアルデヒドと同じであることから D 体，そして比旋光度の符号が＋であることから (+) と名づけられている．ただし，このような相対配置（*d/l*，(+)/(−)，D/L）は絶対配置 *R/S* とは一切関係ないことに注意しよう．

▶フィッシャー投影式
有機化合物の立体配置を表記するための描き方の一つ．十字の中心に炭素原子があり，横方向の結合は紙面の手前，上下の結合は奥側にのびていると考える．

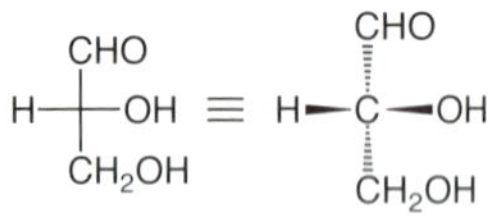

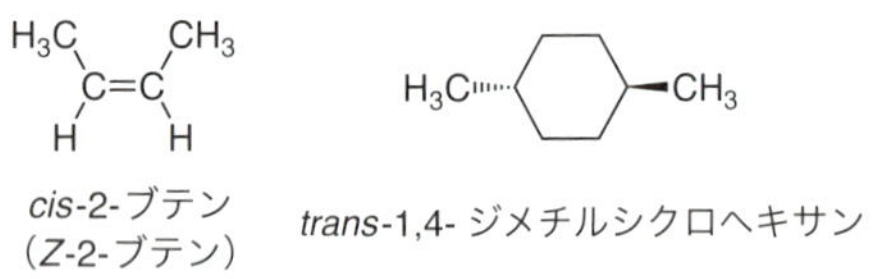

図 10.4　*cis/trans* を用いた表記

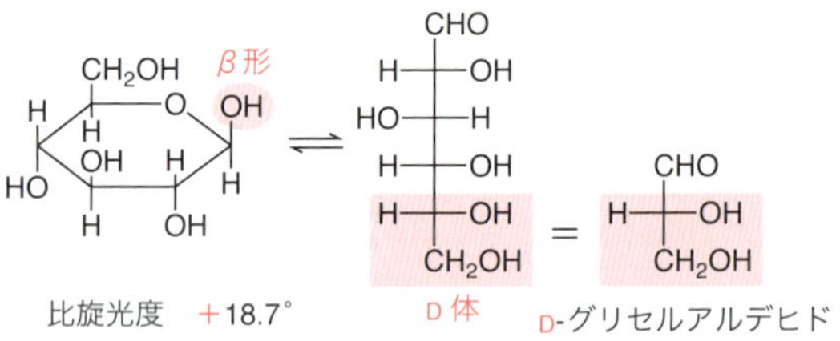

比旋光度　＋18.7°

図 10.5　β-D-(+)-グルコースの立体表記の由来

## 10.4　複数の官能基をもつ化合物の命名

### 10.4.1　命名のステップ

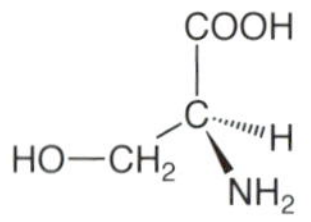

アミノ酸の一つである L-セリンを例にして IUPAC のルールに沿った名前をつけてみよう．

L-セリン

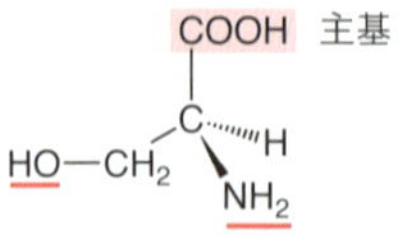

#### ステップ1：最も優先順位の高い官能基を探す

セリンの構造式には三つの官能基（COOH，$NH_2$，OH）がある．この中で，最も優先順位の高いカルボキシ基 COOH が主官能基（主基）なので，-oic acid という接尾語を使う．アミノ基とヒドロキシ基にはそれぞれ amino，hydroxy という接頭語を使う．

■ステップ1

#### ステップ2：母体を決める

次に主官能基を含む最も長い炭素鎖（主鎖）または環構造を見つけよう．セ

リンのカルボキシ基には，さらに二つの炭素原子が結合している．すなわち，カルボキシ基の炭素原子も含めて炭素数 3 のカルボン酸（プロパン酸 propanoic acid，慣用名はプロピオン酸 propionic acid）が母体になる．

　主鎖を探したとき，同じ炭素数でも複数の母体が可能な場合がある．このときは，置換基の数が最大になるほうを主鎖に設定する．さらに，二重結合と三重結合の総数が最大になるように選ぶが，同じ場合は二重結合の数が多いほうを優先させる．一つの環構造に数個の炭素鎖が結合する場合は，一般に環式化合物の誘導体とするが，一つの炭素鎖に数個の側鎖や環式基がつく化合物は非環式化合物の誘導体として命名する．

### ステップ 3：他の官能基の置換位置を決める

　カルボン酸の場合，カルボキシ基の炭素原子が位置番号 1 である．したがって 2 番目の炭素にアミノ基が，3 番目の炭素にヒドロキシ基が置換していると考える．

　位置番号は全体を見通してなるべく小さな数字となるように決める．

### ステップ 4：立体配置を決める

　不斉炭素原子に結合した四つの置換基の原子番号から，優先順位①と④が決まる．さらに，炭素原子の先に結合している原子の種類から優先順位②，③が決まり，絶対配置は $S$ であると決定できる．

### ステップ 5：要素を並べて名称を完成させる

　母体に結合している官能基は，アルファベット順に並べて母体につなげる．また，絶対配置は（　）内に入れて名前の前に置く．したがって，L-セリンの IUPAC 名は $(S)$-2-amino-3-hydroxypropanoic acid になる．

## 10.4.2　代表的な化合物の命名

　IUPAC のルールによる化合物名は，①どのような置換基が（接頭語），②いくつ，③どのような骨格の（主鎖＋接尾語），④どこに結合しているか，で組み立てられている．

　代表的な抗炎症薬であるイブプロフェン（IUPAC 名は 2-(4-isobutyl-phenyl)propionic acid）の名前を確認してみよう．イブプロフェンの構造（図 10.6 a）中で最優先の官能基はカルボキシ基である．母体の propanoic acid という名称からはカルボン酸であることがわかる．イブプロフェンは水にほとんど溶けないが，水酸化ナトリウム水溶液に溶ける．これは COOH という構造をもつためである．

　もう一つ，解熱鎮痛薬であるアセトアミノフェン（IUPAC 名は $N$-(4-hydroxyphenyl)acetamide）を見てみよう．優先される官能基はアミドである．IUPAC 名からは hydroxyphenyl 基，すなわちフェノールの構造が存

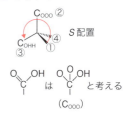

■ステップ2

COOH

HO—CH₂—C—H
　　　　|
　　　　NH₂

母体
propanoic acid
（propionic acid）

■ステップ3

³CH₂—²CH—¹COOH　　2-amino
　|　　　|　　　　　　3-hydroxy
　OH　　NH₂

■ステップ4

$S$ 配置

(a)
isobutyl

CH₃
CH₃CHCH₂ — 4 ... 1 — CHCO₂H    CH₃ (3)  CHCO₂H (2)
propionic acid

2-(4-isobutylphenyl)propionic acid

(b)

H₃C—C(=O)—N(H)— ... OH

N-(4-hydroxyphenyl)acetamide

もとになるカルボン酸は
CH₃COOH　acetic acid
↓
アミドにすると
CH₃CONH₂　acetamide
（アセトアミド）

図10.6　イブプロフェン（抗炎症薬）(a)とアセトアミノフェン（解熱鎮痛薬）(b)

在していることがわかる．アセトアミノフェンもまた水酸化ナトリウム水溶液に溶けるが，それはこのフェノール構造をもつためである．

　このように，IUPAC 名からその化合物の性質を読み取ることができる．医薬品の多くは有機化合物であり，比較的単純な構造のものも多い．化合物の構造と名称が，溶解性や安定性などを推定するために有用な情報であることを理解してほしい．

## 確認問題

**1.** 以下は，IUPAC の規則で認められている慣用名である．それぞれの構造式と系統名を答えなさい．
　(1) ギ酸　　　　　　　　　　(2) シュウ酸
　(3) イソプロピルアルコール　(4) キシレン
　(5) アニソール　　　　　　　(6) プロピオンアルデヒド

**2.** 次の官能基 (1) 〜 (6) について，IUPAC の置換命名法における優先順位が高い順に並べなさい．
　(1) –OH　　　(2) –COO–　　(3) –CHO
　(4) –NH₂　　　(5) –SH　　　(6) –COOH

**3.** 次の日本薬局方医薬品の構造式を調べ，構造中に含まれる官能基を丸で囲み，官能基の名称を答えなさい．
　(1) ロキソプロフェン　　　(2) インドメタシン
　(3) ドパミン　　　　　　　(4) ニトラゼパム
　(5) プロプラノロール　　　(6) クロルプロマジン

**4.** 次の日本薬局方医薬品の構造式に含まれるキラル中心を丸で囲み，絶対配置(S, R)を決定しなさい．

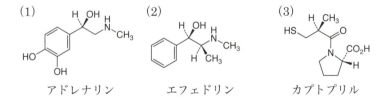

(1) アドレナリン
(2) エフェドリン
(3) カプトプリル

(4)

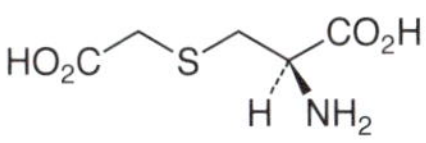

HO₂C—S—...CO₂H
        NH₂

カルボシステイン

(5)

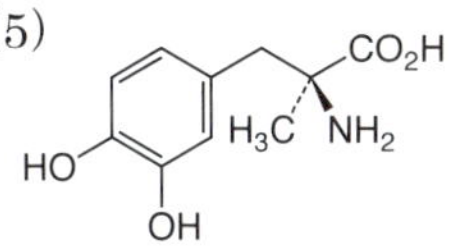

HO—...CO₂H
HO    H₃C  NH₂

メチルドパ

(6)

H₂N—...   CO₂H
         CH₃
         CH₃
         S

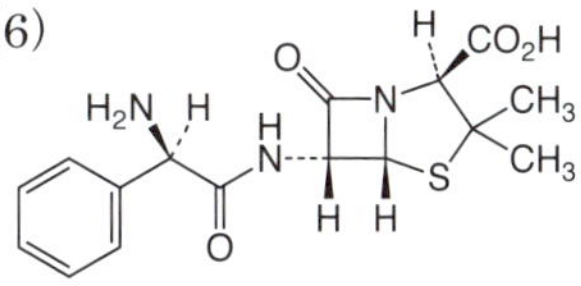

アンピシリン

5. 次の日本薬局方医薬品について，立体表記も含めて IUPAC 名を書きなさい．

(1)

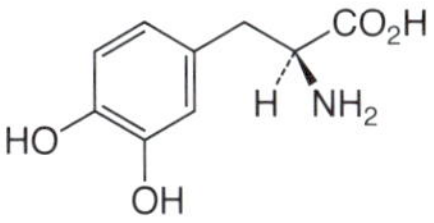

HO—...CO₂H
HO  H  NH₂

レボドパ

(2)

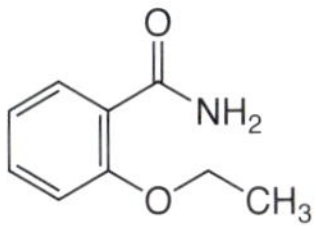

O
‖
C—NH₂
O—CH₃

エテンザミド

(3)

H₃C   CH₃
    H  CO₂H
    H  NH₂

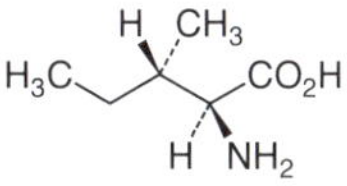

L-イソロイシン

6. 問題 3 ～ 5 で名称を考えた医薬品は，それぞれどのような作用があるのか，
インターネットで医薬品の添付文書を調べてみよう．

## 付録1 いくつかの医薬品の構造と慣用名と IUPAC 名

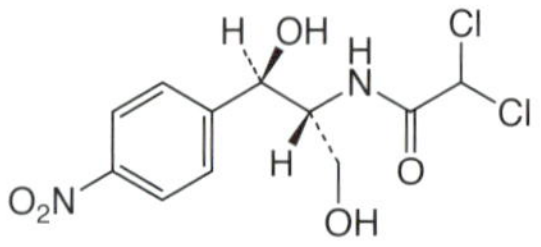

クロラムフェニコール（抗生物質）

2,2-Dichloro-*N*-[(1*R*,2*R*)-1,3-dihydoroxy-
1-(4-nitrophenyl)propan-2-yl]acetamide

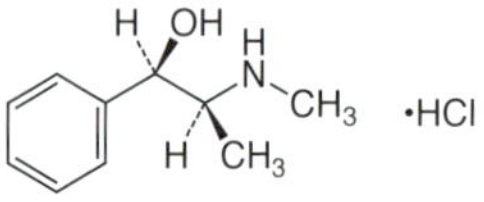

エフェドリン塩酸塩（気管支弛緩薬）

(1*R*,2*S*)-2-Methylamino-1-phenylpropan-1-ol
monohydrochloride

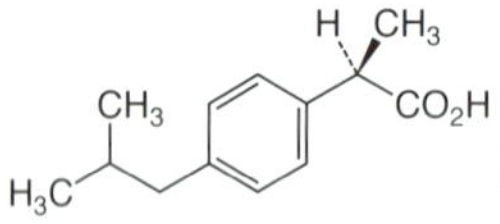

イブプロフェン（解熱鎮痛薬）

及び鏡像異性体

(2*RS*)-2-[4-2(2-Methylpropyl)phenyl]propanoic acid

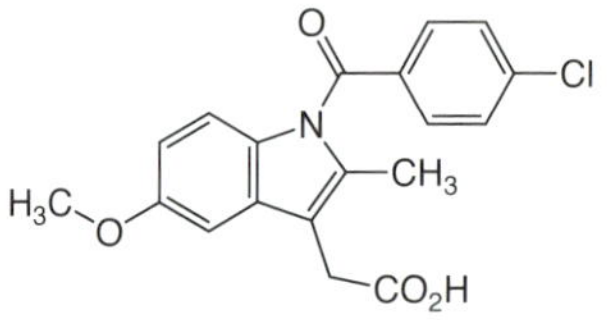

インドメタシン（抗炎症薬）

[1-(4-Chlorobenzoyl)-5-methoxy-2-methyl-1*H*-indol-3-yl]acetic acid

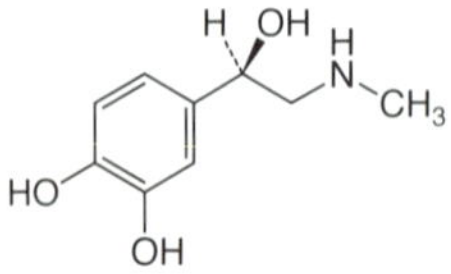

アドレナリン（副腎髄質ホルモン）

4-[(1*R*)-1-Hydroxy-
2-(methylamino)ehyl]benzene-1,2-diol

## 付録 2　医薬品の骨格の一部になっている複素環

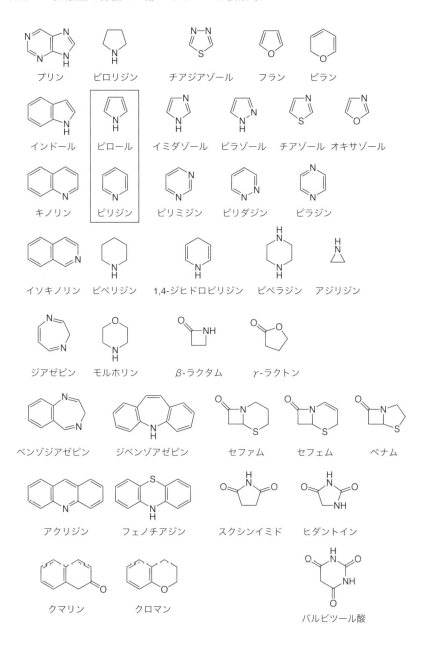

プリン　　　ピロリジン　　　チアジアゾール　　フラン　　　ピラン

インドール　　ピロール　　イミダゾール　　ピラゾール　　チアゾール　オキサゾール

キノリン　　　ピリジン　　ピリミジン　　ピリダジン　　ピラジン

イソキノリン　　ピペリジン　　1,4-ジヒドロピリジン　　ピペラジン　　アジリジン

ジアゼピン　　モルホリン　　β-ラクタム　　γ-ラクトン

ベンゾジアゼピン　　ジベンゾアゼピン　　セファム　　セフェム　　ペナム

アクリジン　　フェノチアジン　　スクシンイミド　　ヒダントイン

クマリン　　　クロマン　　　　　　　　　　バルビツール酸

# 索　引

◆著者略歴◆

**石川 さと子**（いしかわ さとこ）
1989 年 共立薬科大学大学院博士前期課程 修了
現 在 慶應義塾大学薬学部 准教授
専門分野 薬学教育学，情報科学，生物有機化学
博士(薬学)

**望月 正隆**（もちづき まさたか）
1971 年 東京大学大学院薬学系研究科博士課程 修了
現 在 山口東京理科大学名誉教授
専門分野 有機化学，生物有機化学
薬学博士

## 薬学のための基礎化学

2018 年 4 月 1 日 第 1 版 第 1 刷 発行
2025 年 2 月 10 日 第 6 刷 発行

検印廃止

著 者 石 川 さと子
望 月 正 隆
発 行 者 曽 根 良 介
発 行 所 ㈱化学同人

〒600-8074 京都市下京区仏光寺通柳馬場西入ル
編 集 部 Tel 075-352-3711 Fax 075-352-0371
企画販売部 Tel 075-352-3373 Fax 075-351-8301
振替 01010-7-5702
e-mail webmaster@kagakudojin.co.jp
URL https://www.kagakudojin.co.jp

印刷・製本 ㈱シナノパブリッシングプレス

Printed in Japan © S. Ishikawa, M. Mochizuki 2018
ISBN978-4-7598-1810-9

# ■ 代表的なくすりの構造 ■

※ 薬学教育モデル・コアカリキュラム（平成25年度改訂版）の「F薬学臨床」では，代表的な八つの疾患があ
げられており，薬学部の学生は，病院や薬局で実務実習を行うときに，これらの疾患をもつ患者の薬物
治療に継続的にかかわります（これら以外にもたくさんの疾患があります）．

　ここで紹介するのは，八つの疾患に対して使われるくすりのうち，分子量がおおむね500以下のもの
の一部です．化学物質の一つとして構造式を眺め，分子のかたちや性質について考えてみましょう．

注）構造式の横に「および鏡像異性体」とあるのは，一対の鏡像異性体の等量混合物が医薬品として使われていることを示しています．

## 1. がんのくすり（抗がん剤，抗悪性腫瘍薬）

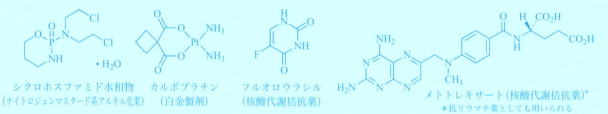

シクロホスファミド水和物　　カルボプラチン　　フルオロウラシル　　　　　　　　　　　メトトレキサート（核酸代謝拮抗薬）*
（ナイトロジェンマスタード系アルキル化薬）　（白金製剤）　　（核酸代謝拮抗薬）　　　　　　　　　　　　　　　*抗リウマチ薬としても用いられる

## 2. 高血圧症のくすり（血圧降下薬）

カプトプリル　　　　　　　　　　　　　　　　　ニフェジピン　　　　　ヒドロクロロチアジド
　　　ロサルタンカリウム　　　　　　　（ジヒドロピリジン系 $Ca^{2+}$ 拮抗薬）　（チアジド系利尿薬）

## 3. 糖尿病のくすり（血糖降下薬）

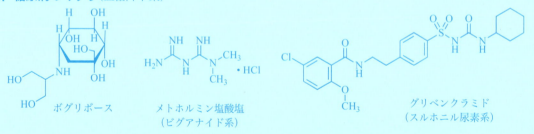

ボグリボース　　メトホルミン塩酸塩　　　　　　グリベンクラミド
　　　　　　（ビグアナイド系）　　　　　　（スルホニル尿素系）

## 4. 心疾患のくすり

および鏡像異性体

l-イソプレナリン塩酸塩　　硝酸イソソルビド　　ニコランジル　　　　　プロプラノロール塩酸塩
（カテコールアミン系強心薬）（硝酸系抗狭心症薬）（ニコチン酸系抗狭心症薬）　　　　　（抗不整脈薬）